三次采油技术丛书

U0384721

微生物采油技术

伍晓林　罗　庆　侯兆伟　李　蔚　等著

石油工业出版社

内 容 提 要

本书基于近 20 年来大庆油田室内研究和现场应用的学术研究成果，详细介绍了微生物采油技术的基本原理、研究方法、研究成果、实践应用及发展前景，并创新性提出了许多新观点和新理论。

本书可供从事采油工程的技术人员、管理人员及石油院校相关专业师生参考。

图书在版编目（CIP）数据

微生物采油技术 / 伍晓林等著 . —北京：石油工业出版社，2022.5

（三次采油技术丛书）

ISBN 978-7-5183-4954-8

Ⅰ . ①微… Ⅱ . ①伍… Ⅲ . ①微生物采油 – 研究

Ⅳ . ① TE357.9

中国版本图书馆 CIP 数据核字（2021）第 244681 号

出版发行：石油工业出版社
　　　　　（北京安定门外安华里 2 区 1 号楼　　100011）
　　　　　网　　址：www. petropub. com
　　　　　编辑部：（010）64523738　图书营销中心：（010）64523633
经　　销：全国新华书店
印　　刷：北京中石油彩色印刷有限责任公司

2022 年 5 月第 1 版　2022 年 5 月第 1 次印刷
787×1092 毫米　开本：1/16　印张：10
字数：251 千字

定价：100.00 元

丛书前言

我国油田大部分是陆相砂岩油田，砂岩油田油层层数多、相变频繁、平面和纵向非均质性严重。经过多年开发，大部分油田已进入高含水、高采出程度的开发后期，水驱产量递减加快，剩余油分布零散，挖潜难度大，采收率一般为 30%~40%。应用大幅度提高采收率技术是油田开发的一个必经阶段，也是老油田抑制产量递减、保持稳产的有效方法。

三次采油是在水驱技术基础上发展起来的大幅度提高采收率的方法。三次采油是通过向油层注入聚合物、表面活性剂、微生物等其他流体，采用物理、化学、热量、生物等方法改变油藏岩石及流体性质，提高水驱后油藏采收率的技术。20 世纪 50 年代以来，蒸汽吞吐开始应用于重油开采，拉开了三次采油技术的应用序幕。化学驱在 80 年代发展达到高峰期，后期由于注入成本高、化学驱后对地下情况认识不确定等因素，化学驱发展变缓。90 年代以来，混相注气驱技术开始快速发展，由于二氧化碳驱技术具有应用范围大、成本低等优势，二氧化碳混相驱逐渐发展起来。我国的三次采油技术虽然起步晚，但发展迅速。目前，我国的三次采油技术中化学驱提高原油采收率技术处于世界领先地位。在大庆、胜利等油田进行的先导性试验和矿场试验表明，三元复合驱对提高原油采收率效果十分显著。此外，我国对其他提高原油采收率的新技术，如微生物驱油采油技术、纳米膜驱油采油技术等也进行了广泛的实验研究及矿场试验，并且取得了一系列研究成果。

大庆油田自 20 世纪 60 年代投入开发以来，就一直十分重视三次采油的基础科学研究和现场试验，分别在萨中和萨北地区开辟了三次采油提高采收率试验区。随着科学技术的进步，尤其是 90 年代以来，大庆油田又开展了碱—表面活性剂—聚合物三元复合驱油技术研究。通过科技攻关，发展了聚合物驱理论，解决了波及体积小的难题，首次实现大规模工业化高效应用；同时，创新了三元复合驱理论，发明了专用表面活性剂，解决了洗油效率低的难题，实现了化学驱技术的升级换代。大庆油田化学驱后原油采收率已超过 60%，是同类水驱油田的两倍，相当于可采储量翻一番，采用三次采油技术生产的原油年产量连续 19 年超 $1000 \times 10^4 t$，累计达 $2.8 \times 10^8 t$，已成为大庆油田可持续发展的重要支撑技术。

为了更好地总结三次采油技术相关成果，以大庆油田的科研试验成果为主，出版了这套《三次采油技术丛书》。本套丛书涵盖复合驱表面活性剂、聚合物驱油藏工程技术、三元复合驱油藏工程技术、微生物采油技术、化学驱油田化学应用技术和化学驱地面工艺技术6个方面，丛书中涉及的内容不仅是作者的研究成果，也是其他许多研究人员长期辛勤劳动的共同成果。在丛书的编写过程中，得到了大庆油田有限责任公司的大力支持、鼓励和帮助，在此致以衷心的感谢！

希望本套丛书的出版，能够对从事三次采油技术的研究人员、现场工作人员，以及石油院校相关专业的师生有所启迪和帮助，对三次采油技术在大庆油田乃至国内外相似油田的大规模工业应用起到一定的促进作用。

前　言

自 1926 年美国学者 Beckmann 提出利用微生物采油的设想以来，世界范围内开展了大量的相关研究和现场试验，经历了三个发展历程：（1）20 世纪 50 年代，美国、苏联及东欧国家相继进行了微生物采油的先导性现场试验，多数取得了理想的效果，进入 70 年代，随着世界石油危机的爆发，世界各国更加重视对微生物采油技术的研究和应用；（2）20 世纪 80—90 年代，美国和苏联开展了系统的微生物采油基础理论研究和现场试验，使微生物采油技术得到全面的发展；（3）2000 年以后，随着分子生物学和生物信息工程等技术的迅速发展，通过微生物采油与先进技术及检测方法的融合，对油藏微生物分布及代谢规律有了全新的认识，进一步推动了微生物采油技术的发展，许多大学和石油公司也加大了微生物采油技术的研究和开发力度，取得了许多可喜的研究成果，研究程度不断加深，研究领域不断拓宽。

大庆油田早在 20 世纪 60 年代中期就已经开展微生物的研究工作，最初采用微生物的方法识别检查井水淹的状况，采用铁细菌的方法定性地判断油层水淹还是未水淹，并指导了当时矿场试验水淹层的解析。"七五"和"八五"期间，利用微生物地下发酵提高采收率研究分别被国家科技部和中国石油列入科技攻关项目。在此基础上，考虑到营养物来源广泛、廉价易得等因素，微生物菌种的筛选从以碳水化合物为碳源向以烃类为碳源的方向转化，经过多年努力获得近百株新菌种，其中授权的发明专利菌种超过 8 株，实现了菌种的国产化，为后续的现场应用提供了技术保障。

随着分子生物学和基因工程改造技术的飞速发展，微生物采油基础理论研究及关键技术攻关取得了重要进展。利用自主原创的具有产气、降解原油、产生物表面活性剂及堵调性能的各类菌剂，开展了一系列的微生物地下发酵提高采收率现场试验。其中，微生物单井吞吐 518 口，累计增油 63385.9t，实施微生物驱和调驱项目 10 项（45 个井组），累计增油 56837.1t，合计增产原油超 12×10^4t，为大庆油田高含水开发阶段稳产发挥了重要作用。

为了更好地系统总结微生物采油技术方面取得的新理论、新认识及新进展，深化在微生物采油的驱油机理、油藏微生物群落分析技术、功能微生物筛选、激活及发酵技术发展趋势的研究，持续有效地开展基础理论研究和现场配套技术攻关，强化油藏方案顶层设计，分析油藏对微生物采油技术的影响及各种限定因素，统一制定方案的设计标准和规范，有序推进先导性试验和扩大试验，加快工业化应用规模，尽早实现微生物提高采收率大于 10 个百分点的潜力及目标，特编写本书。

微生物采油技术已在大庆油田的中高渗透、低渗透、水驱和化学驱后 4 类油藏进行了成功应用。本书基于近 20 年来大庆油田室内研究和现场应用的学术研究成果，详细介绍微生物采油技术的基本原理、研究方法、研究成果、实践应用及发展前景，并创新性提出许多新观点和新理论。本书中的研究成果包括国家"973"计划（G2005CB21300）、国家"863"计划（2009AA063504）及中国石油科学研究与技术开发重点项目（2008A-1403）和基金项目（2016B-1106）等资助的部分研究内容。

本书共六章，包括微生物学概述、微生物提高原油采收率技术、微生物采油机理、内源微生物驱油技术、大庆油田微生物采油技术矿场试验及微生物采油技术展望。其中，第一章和第二章由金锐、王艳玲和刘洋编写，第三章由王颖、王蕊和郭盟华编写，第四章由乐建君和张继元编写，第五章和第六章由窦绪谋、柏璐璐和陈星宏编写。全书由伍晓林、罗庆、侯兆伟和李蔚组织编写与统稿。

本书在编写过程中，得到了大庆油田有限责任公司科技处、大庆油田勘探开发研究院、大庆油田采油厂有关专家以及华东理工大学、南开大学、长江大学等院校教授的悉心指导和修正，在此一并表示衷心的感谢！

由于水平有限，书中难免存在疏漏和不当之处，敬请读者批评指正。

目 录

第一章　微生物学概述

微生物学（Microbiology）是近代生物学的分支学科之一。它是在分子、细胞或群体水平上研究各类微小生物的形态结构、生长繁殖、生理代谢、遗传变异、生态分布和分类进化等生命活动的基本规律，并将其应用于工业发酵、医学卫生和生物工程等领域的科学。微生物学是研究各类微小生物生命活动规律和生物学特性的科学。

第一节　微生物的定义及其基本特征

微生物（Microbe，Microorganism）是指一切肉眼看不见或看不清楚的微小生物的总称。它们是一些个体微小（小于0.1mm）、构造简单的低等生物。就种类而言，微生物可分为原核微生物、真核微生物和非细胞微生物三大类。原核微生物可进一步分为细菌、放线菌、支原体、立克次体、衣原体和蓝细菌；真核微生物又可分为真菌（酵母菌、霉菌）、原生动物和显微藻类；而非细胞类微生物可分为病毒、类病毒和朊病毒。

微生物具有以下特征：

（1）体积小、比表面积大。大小以微米计量，但比表面积大，必然有一个巨大的营养吸收、代谢废物排泄和环境信息接收面。这一特点也是微生物与一切大型生物相区别的关键所在。

（2）吸收多、转化快。这一特性为高速生长繁殖和产生大量代谢物提供了充分的物质基础。在质量相同的条件下，乳酸菌1h可分解其体重1000~10000倍乳糖，人25×10^4h才消耗自身体重1000倍乳糖。

（3）生长旺、繁殖快。极高的生长繁殖速度，如$E.coli$ 20~30min分裂一次，若不停分裂，48h后菌数会增加2.2×10^{43}倍。这一特性可在短时间内把大量基质转化为有用产品，缩短科研周期。但也有不利的一面，如疾病、粮食霉变等。

（4）适应性强、易变异。极其灵活的适应性，对极端环境具有惊人的适应力，遗传物质易变异。

（5）分布广、种类多。分布区域广，分布环境广。生理代谢类型多，代谢产物种类多、种数多。

第二节　微生物的形态结构及分类

用于提高原油采收率的微生物主要是原核微生物中的细菌，因此，微生物采油又称细菌采油。细菌是个体微小（细胞直径约为0.5μm，长度约为0.5μm）、结构简单、细胞壁坚韧、以分裂方式繁殖、水生性强的原核生物。

一、细菌形态

根据细菌形状，可分为球菌、杆菌和螺旋菌三大类[1]。

（1）球菌。球菌呈球形或近球形，根据球菌的相互连接方式，把球菌分为单球菌、双球菌、八叠球菌、链球菌和葡萄球菌。不同的排列方式是由于细胞分裂方向及分裂后情况不同造成的。

（2）杆菌。杆菌有短杆菌、棒杆菌、梭状菌和梭杆菌等，呈杆状或圆柱形，径长比不同，短粗或细长。杆菌是细菌中种类最多的。

（3）螺旋菌。螺旋菌是细胞呈弯曲杆状细菌的统称，一般分散存在。其长度、螺旋数目和螺距等方面存在差异，若螺旋不满一环为弧菌，满 2~6 环的小型、坚硬的螺旋菌为螺菌，而螺旋周数在 6 环以上、体积大而柔软的螺旋菌为螺旋体。细菌形态不是一成不变的，受环境条件影响（如温度、培养基浓度及组成、菌龄等）。一般在幼龄和生长条件适宜时，形态正常、整齐；而在老龄和不正常生长条件下，会表现出畸形等异常形态。

二、细菌细胞结构

细菌的细胞结构分为基本结构和特殊结构。基本结构是细胞不变部分，每个细胞都有，如细胞壁、细胞膜和细胞核。特殊结构是细胞可变部分，不是每个都有，如鞭毛、荚膜和芽孢。

1. 基本结构

1）细胞壁

细胞壁位于细胞表面，较坚硬，略具弹性结构。细胞壁具有如下功能：

（1）维持细胞外形。

（2）保护细胞免受机械损伤和渗透压危害。

（3）鞭毛运动支点。

（4）完成正常的细胞分裂。

（5）一定的屏障作用。

（6）噬菌体受体位点所在。

另外，细胞壁还与细菌的抗原性、致病性有关。

根据革兰氏染色，将细菌分为革兰氏阳性菌和革兰氏阴性菌。凡是不能被乙醇脱色、呈蓝紫色的细菌，均称为革兰氏阳性菌（G^+）；凡是经乙醇脱色，呈复染剂颜色的细菌，均称为革兰氏阴性菌（G^-）。染色结果不同主要是由细胞壁组成及结构差异造成的。

（1）革兰氏阳性菌。

以金黄色葡萄球菌（*Staphylococcus aureus*）为例，细胞壁为连续层，厚 20~80nm。分为网状骨架和基质两部分，网状骨架由微纤丝组成，骨架埋于基质中，化学组成主要是肽聚糖和磷壁酸，肽聚糖（黏肽、胞壁质）为大分子复合体，由许多亚单位交联而成。亚单位包含双糖单位［$N-$ 乙酰胞壁酸（NAM）和 $N-$ 乙酰葡萄糖胺（NAG）通过 1,4- 糖苷键相连而成］、短肽和肽桥。短肽全部或部分连至 NAM 上，短肽之间也有连接，组成一网状结构。肽聚糖是细菌细胞壁特有成分，也是原核微生物特有成分（古生菌没有）。

磷壁酸为 G^+ 特有成分，多元醇与磷酸复合物通过磷酸二酯键与 NAM 相连。

根据多元醇不同，磷壁酸分为甘油型、核糖醇型等 5 种类型。磷壁酸可使细胞壁形成负电荷环境，吸附二价金属离子，维持细胞壁硬度和一些酶活性，还可提供噬菌体位点。

（2）革兰氏阴性菌。

以大肠杆菌为例，内壁层厚 2~3nm，单（双）分子层，由肽聚糖构成。外壁层分为内层、中层和外层。内层为脂蛋白层，以脂类部分与肽聚糖相连。中层为磷脂层。外层为脂多糖层，是外壁重要成分，厚 8~10nm。脂多糖（LPS）是 G^- 特有成分。脂多糖包括类脂 A、核心多糖和 O^- 特异侧链。脂多糖具有以下功能：①内毒素物质基础；②吸附镁离子、钙离子；③决定 G^- 表面抗原；④噬菌体受体位点。钙离子是维持脂多糖稳定性所必需的。

（3）细胞壁缺陷细菌。

原生质体：人工条件下用溶菌酶除去细胞壁或用青霉素抑制细胞壁合成后所留下的部分，一般由 G^+ 形成。

球形体：残留部分细胞壁，一般由 G^- 形成；有一定抗性，对渗透压敏感；长鞭毛也不运动；对噬菌体不敏感；细胞不能分裂。

细菌 L 型：一种由自发突变形成的变异型，无完整细胞壁，在固体培养基表面形成"油煎蛋"状小菌落。

2）细胞膜

细胞膜为细胞壁与细胞质之间的一层柔软而富有弹性的半透性膜，厚 7~8nm。

细胞膜的化学组成为蛋白质和磷脂，蛋白质含量高达 75%。细胞膜不含甾醇类物质。细胞膜有如下功能：

（1）高度选择透性膜，物质运输。

（2）渗透屏障，维持正常渗透压。

（3）重要代谢活动中心。

（4）与细胞壁、荚膜合成有关。

（5）鞭毛着生点，提供运动能量。

3）间体

间体为细胞膜内陷形成，细菌细胞的能量代谢主要在间体上进行，因此又称间体为拟线粒体，间体呼吸酶系发达，与壁合成、核分裂和芽孢形成有关。

4）细胞核

核质体，原核无明显核，无核膜、核仁、固定形态，结构简单，细胞分裂前核分裂。一般为单倍体。主要成分为脱氧核糖核酸（DNA）环状双链，超线圈结构，负电荷被镁离子、有机碱（精胺、腐胺）所中和。

5）核糖体

核糖体即核糖核蛋白的颗粒状结构［核糖核酸（RNA）+ 蛋白质］。原核细胞的核糖体为游离态，多聚核糖体，沉降系数为 70S；真核细胞的核糖体既可为游离态，也可结合在内质网上，沉降系数为 70S、80S。多聚核糖体是一条信使 RNA（mRNA）与一定数目的核糖体结合而成的。

6）细胞质及内含物

细胞质及内含物是无色透明胶状物，原核细胞的与真核细胞的不同。主要成分为水、蛋白、核酸、脂类及少量糖和无机盐，富含核糖核酸。不同的细菌细胞内含不同的内含物，是细胞的贮藏物质或代谢产物。

2. 特殊结构

1）荚膜

某些细菌细胞壁外面覆盖着一层疏松透明的黏性物质。厚度不同，名称不同。折射率低，采用负染法观察。主要成分为 90% 以上的水，其余为多糖（肽）。荚膜具有抵抗干燥、加强致病力、免受吞噬、堆积某些代谢废物、贮存物等功能。

2）鞭毛和菌毛

鞭毛是某些细菌表面一种纤细呈波状的丝状物，是细菌运动器官。直径为 20~25nm，长度超过菌体若干倍。电镜或特殊染色法观察，悬滴法观察运动。化学成分主要为蛋白质。原核生物与真核生物的鞭毛结构存在区别，G⁺ 与 G⁻ 的鞭毛结构也存在差异。鞭毛着生位置与数目，可作为分类依据。鞭毛着生状态决定运动特点。

许多 G⁻ 尤其是肠道菌，表面有比鞭毛更细、数目多、短直硬的丝状体，即为菌毛。直径为 7~10nm，长 2~3μm。

3）芽孢

某些细菌生长到一定阶段后，营养细胞内形成一个内生孢子，即芽孢，其是对不良环境有抗性的休眠体。每一细胞仅形成一个芽孢，所以其没有繁殖功能。形成芽孢属于细胞分化，结构组成特点为含水量低（平均 40%），壁致密，成分为肽聚糖和吡啶 -2，6- 二羧酸钙（DPA–Ca）。芽孢具有极强的抗热、辐射、化学药物和静水压的能力，休眠力惊人。

三、细菌繁殖与群体形态

繁殖方式：以裂殖为主，少数有性接合。

菌落形态：菌落是指由单个或少数几个细胞在固体培养基表面繁殖出来的、肉眼可见的子细胞群体。形态包括大小、形状、隆起、边缘、表面状态、表面光泽、质地、颜色等。

四、微生物分类

微生物的分类依据包括形态特征、生理生化特征、生态习性、血清学反应、噬菌反应、细胞壁成分、红外吸收光谱、G+C 含量、DNA 杂合率、核糖体核糖核酸（rRNA）相关度、rRNA 的碱基顺序。分类主要是探索生物之间的亲缘关系，把它们归纳为相互联系的不同类群。具体任务就是分类、鉴定和命名。

1. 分类单位与命名

1）分类单位

分类单位：界、门、纲、目、科、属、种。种是最基本的分类单位，它是一大群表型特征高度相似、亲缘关系极其相近，与同属内其他种有着明显差异的菌株的总称。种以下又分亚种（变种）、型、类群、菌株（品系）。菌株（品系）表示任何由一个独立分离的单细胞繁殖成的纯种群体及其一切后代。

2）命名

按照《国际细菌命名法规》，采用林奈氏双名法，即属名 + 种名 + 命名人。如大肠杆菌：*Escherichia coli*（Migula）Castellani & Chalmers 1919。属名为名词，首字母大写，一般描绘主要形态或生理特征。种名是形容词，小写，代表一个种次要特征。未确定种名或不指特定的种时，可在属名后加 sp. 表示。

2. 分类依据

1）形态特征

（1）个体形态：镜检细胞形状、大小、排列，革兰氏染色反应，运动性，鞭毛位置、数目，芽孢有无、形状和部位，荚膜，细胞内含物；放线菌和真菌的菌丝结构，孢子丝、孢子囊或孢子穗的形状和结构，孢子的形状、大小、颜色及表面特征等。

（2）培养特征：在固体培养基平板上的菌落（Colony）和斜面上的菌苔（Lawn）性状（形状、光泽、透明度、颜色、质地等）；在半固体培养基中穿刺接种培养的生长情况；在液体培养基中的浑浊程度，液面有无菌膜、菌环，管底有无絮状沉淀，培养液颜色等。

2）生理生化特征

（1）能量代谢：利用光能或化学能。

（2）对氧气的要求：专性好氧、微需氧、兼性厌氧及专性厌氧等。

（3）营养和代谢特性：所需碳源、氮源的种类，有无特殊营养需要，存在的酶的种类等。

3）生态习性

生长温度，酸碱度，嗜盐性，致病性，寄生、共生关系等。

4）血清学反应

用已知菌种、型或菌株制成抗血清，然后根据它们与待鉴定微生物是否发生特异性的血清学反应，来确定未知菌种、型或菌株。

5）噬菌反应

菌体的寄生有专一性，在有敏感菌的平板上产生噬菌斑，斑的形状和大小可作为鉴定的依据；在液体培养基中，噬菌体的侵染液由浑浊变为澄清。噬菌体寄生的专业性有差别，寄生范围广的称为多价噬菌体，能侵染同一属的多种细菌；单价噬菌体只侵染同一种细菌；极端专业化的噬菌体甚至只对同一种菌的某一菌株有侵染力，故可寻找适当专化的噬菌体作为鉴定各种细菌的生物试剂。

6）细胞壁成分

革兰氏阳性细菌的细胞壁含肽聚糖多，脂类少。革兰氏阴性细菌与之相反。链霉菌属（Streptomyces）的细胞壁含丙氨酸、谷氨酸、甘氨酸和 2，6- 氨基庚二酸，而含有阿拉伯糖是诺卡氏菌属（Nocardia）的特征。霉菌细胞壁则主要含几丁质。

7）红外吸收光谱

利用红外吸收光谱技术测定微生物细胞的化学成分，了解微生物的化学性质，作为分类依据之一。

8）G+C 含量

生物遗传的物质基础是核酸，核酸组成上的异同反映生物之间的亲缘关系。就一种生物的 DNA 来说，碱基排列顺序是固定的。测定 4 种碱基中鸟嘌呤（G）和胞嘧啶（C）所占的摩尔分数，就可了解各种微生物 DNA 分子不同源性程度。亲缘关系接近的微生物，G+C 含量相同或近似的两种微生物，不一定紧密相关，因为 DNA 的 4 个碱基的排列顺序不一定相同。

9）DNA 杂合率

要判断微生物之间的亲缘关系，须比较 DNA 的碱基顺序，最常用的方法是 DNA 杂合法。其基本原理是DNA解链的可逆性和碱基配对的专一性。提取DNA并使之解链，再使互补的碱基重新配对结合成双链。根据生成双链的情况，可测知杂合率。杂合率越高，表示两个DNA之间碱基顺序的相似性越高，它们间的亲缘关系也就越近。

10）核糖体核糖核酸（rRNA）相关度

在DNA相关度低的菌株之间，rRNA同源性能显示它们的亲缘关系。rRNA-DNA分子杂交试验可测定rRNA的相关度，揭示rRNA的同源性。

11）rRNA的碱基顺序

RNA的碱基顺序是由DNA转录来的，故完全具有相对应的关系。提取并分离细菌内标记的16S rRNA，以核糖核酸消化，可获得各种寡核苷酸，测定这些寡核苷酸上的碱基顺序，可作为细菌分类学的一种标记。

12）核糖体蛋白的组成分析

分离被测细菌的30S和50S核糖体蛋白亚基，比较其中所含核糖体蛋白的种类及其含量，可将被鉴定的菌株分为若干类群，并绘制系统发生图。

第三节　微生物的生长和保藏

一、微生物的生长

微生物的生长就是有机体的细胞组分与结构在量方面的增加。繁殖就是单细胞由于细胞分裂引起个体数目的增加，多细胞通过无性或有性孢子使个体数目增加的过程。适合条件下，生长与繁殖始终是交替进行的，从生长到繁殖是一个由量变到质变的过程，这个过程称为发育。

1. 微生物的发育周期

1）细胞壁与质膜的延伸

质膜合成位点在赤道带，细胞壁生长也定位在赤道区，并具有种的特异性。

2）DNA的复制

（1）单向复制：染色体从起始点开始，逆时针旋转一周完成。

（2）双向复制：不只按一个方向复制，起点与终点不重合。

（3）滚环模型：不对称复制。一股线状、一股环状复制。

3）发育循环中基因的表达

DNA的复制与细胞分裂是协调的。细胞分裂总是发生在DNA复制后的一定时间内。抑制DNA合成的各种化学处理或突变也抑制细胞分裂。细菌DNA复制需DNA起始蛋白作用。

4）细胞分化现象

在某些微生物的发育循环中，一个或一群细胞会从一种形态与功能转变为另一种形态与功能，称为细胞分化或形态发生。

2. 细菌纯培养群体生长规律

将少量纯培养细菌接种到一恒定体积的新鲜液体培养基中，适宜条件下培养，定时取样测定细菌含量，以培养时间为横坐标，以细菌数目的对数或生长速率为纵坐标，得到繁殖曲线，对单细胞而言，又称为生长曲线。

根据生长速率不同，分为延迟期、对数期、稳定期和衰亡期4个时期。

1）延迟期（停滞期、调整期）

表现为不立即繁殖，生长速率近于0，菌数几乎不变，细胞形态变大。分裂迟缓，合成代谢活跃，体积增长快，对外界不良环境敏感。原因是调整代谢，合成新的酶系和中间代谢产物以适应新环境。消除方法：增加接种量；采用最适菌龄接种；接种在营养成分丰富的天然培养基上（尽量使发酵培养基的成分与种子培养基接近）。

2）对数期

表现为代谢活性最强，几何级数增加，代时最短，生长速率最大。

特点是细菌数目增加与原生质总量增加，与菌液浊度增加呈正相关性。

代时为单个细胞完成一次分裂所需时间，亦即增加一代所需时间。影响因素有菌种、营养成分、营养物浓度（很低时影响）和培养温度。

3）稳定期（最高生长期、静止期）

表现为新增殖细胞数与老细胞的死亡数几乎相等，活菌数动态平衡。特点是生长速率又趋于0，细胞总数最高，养分减少，有毒代谢物产生。稳定期细胞内开始积累贮存物，此阶段收获菌体，也是发酵过程积累代谢产物的重要阶段。延长生长期需要采取补料，调节pH值、温度等措施。此时，菌体总数量与所消耗的营养物之间存在一定关系，称为产量常数。将未知混合物加到只缺乏特定限制性营养物的完全培养基中，测定培养基所能达到的生长量，就可以计算出原混合物中特定限制性营养物的浓度。

4）衰亡期

表现为"负生长"，有些细胞开始自溶。

对于丝状真菌，细胞数目不呈几何级数增加，无对数生长期，一般有调整期、最高生长期和衰退期。

3. 环境条件对生长的影响

1）温度

温度对微生物的生长起着重要的作用。微生物只有在一定温度范围内才可以生长，存在微生物生长的最低、最高生长温度，在这个温度范围内存在着一个最适合微生物生长的温度（即最适温度），根据微生物的生长温度，可将微生物划分为低温型（嗜冷微生物）、中温型（嗜温微生物）和高温型（嗜热微生物）。

2）pH值

主要影响为：引起膜电荷变化，从而影响营养吸收；影响酶活性；改变营养物状态和有害物毒性。有最适pH值，此时酶活性最高，其他条件适合，生长速率最高，但不是生产的最适pH值。

微生物细胞内的pH值多接近于中性。

3）氧化还原电位

氧化还原电位与氧分压有关，也与pH值有关。不同种类微生物所要求的氧化还原电位不同。氧化还原电位不但影响酶活性，也影响呼吸作用。

4）辐射

辐射指通过空气或外层空间以波动方式从一个地方传播或传递到另一个地方的能量。

（1）紫外线辐射（非电离辐射）。紫外线（10~380nm）致死主要是因为细胞中很多物质对紫外线吸收。杀菌作用随剂量增加而增加。紫外线穿透力弱，应用于空气消毒、表面消毒和菌种诱变。

（2）电离辐射（X射线、α射线、β射线、γ射线）。电离辐射对微生物生长的影响效应无专一性，α射线和β射线穿透力较弱，X射线和γ射线穿透力较强。KI对电离辐射具有保护作用。

5）干燥

水分对正常生长必不可少，各种微生物抵抗干燥能力不同。

6）渗透压

微生物对渗透压有一定适应能力。高渗溶液使细胞缩小（质壁分离），低渗溶液使细胞膨胀破裂（胞质溢出）。

7）超声波（20000Hz以上）

超声波可以使细胞破裂，科研中可以利用超声波破碎细胞。

8）表面张力

微生物生长时最理想的表面张力为0.45~0.65mN/cm，在这个范围内可以降低表面张力对微生物生长的影响。

4. 灭菌与消毒

灭菌与消毒在微生物试验中是重要的环节。为了完成纯种培养，要将试验用品进行灭菌与消毒。灭菌（Sterilization）是为了杀死所有微生物。消毒（Disinfection）是为了杀死一切病原微生物。防腐（Antisepsis）是利用理化因素抑制微生物生长繁殖。化疗（Chemotherapy）是利用具有选择毒性化学药物或抗生素来抑制宿主体内病原微生物的生长繁殖，借以达到治疗的一种措施。这些操作是完成纯种培养的前提和保障。

1）常用的灭菌消毒方法

（1）干热灭菌法：火焰灭菌（灼烧灭菌）、干热灭菌。

（2）湿热灭菌：巴氏消毒、煮沸消毒、高压蒸汽灭菌、间歇加热灭菌、实罐灭菌。

（3）过滤除菌。

（4）放射线灭菌。

2）常用的消毒剂

理想的消毒剂杀菌力强，使用方便；价廉；对人、畜无害；能长期保存；溶解度大；无腐蚀性等。消毒剂主要有氧化剂、重金属盐、有机化合物。

二、微生物的营养

微生物必须从营养物中得到细胞结构成分，必须得到能量储存物质。微生物的代谢繁殖也把营养物从外界吸收至细胞内，复制出新细胞结构。

1. 细胞化学组成

整个生物界大体相同，主要是C、H、O、N（占干重90%~97%），C约占50%，此外为各种无机元素，由这些元素再组成化合物。其中，C:N一般为5:1。

1）水分和无机元素

含水70%~90%（鲜重），无机元素3%~10%（干重），依次为P、S、K、Mg、Ca、Fe、

Zn、Mn 等。

2）有机物

主要包括蛋白质、核酸、碳水化合物、类脂、维生素等。

2. 主要营养物及其功能

营养物为微生物提供合成原生质和代谢产物原料，产生合成反应及生命活动所需能量，调节新陈代谢。

1）碳源物质

凡能提供微生物营养所需碳元素的营养源都是碳源。碳源的功能是为微生物提供所需的碳，碳源同时也为微生物提供能源。根据微生物利用碳源的不同，将微生物分为自养型和异养型。

2）氮源物质

凡能提供微生物营养所需氮元素的营养源都是氮源，它为微生物提供氮，一般不作能源。氮源按见效速度分为速效氮源和迟效氮源，氮源也可分为碱性氮源、酸性氮源和中性氮源。

3）能源

微生物的能源主要有化学能、无机物提供的能量和光能。利用有机物为能量的为化能异养微生物；利用无机物为能量的为化能自养微生物。

4）生长因子

生长因子是一类对微生物正常代谢必不可少且又不能从简单的碳源、氮源自行合成的所需极微量的有机物。主要有维生素、氨基酸、碱基等。它可以作为辅酶或酶活化，生长因子的来源有酵母膏、玉米浆、麦芽汁等。

5）无机盐

微生物所需浓度为 10^{-3}~10^{-4}mol/L 的元素为大量元素，微生物所需浓度为 10^{-6}~10^{-8}mol/L 的元素为微量元素。无机盐构成菌体成分、酶活性基组成或维持酶活性，可调节渗透压、pH 值和氧化还原电位，也可作为化能自养微生物能源。

6）水

水在微生物中的存在状态有游离态（溶剂）和结合态（结构组成）。水的主要生理作用是：微生物组成成分；反应介质；物质运输媒体；热的良导体。

3. 微生物营养类型

依碳源不同，分为异养型（Heterotrophs，不能以 CO_2 为主要或唯一碳源）和自养型（Autotrophs，能以 CO_2 为主要或唯一碳源）。

依能源不同，分为光能营养型（Phototrophs，光反应产能）和化能营养型（Chemotrophs，物质氧化产能）。

这样可将微生物分成 4 种营养类型。其中，化能异养型又据利用有机物特性，分为腐生和寄生。营养类型的划分不是绝对的，不同生活条件下可相互转变。

4. 营养物吸收

营养物吸收至微生物细胞内被利用，代谢物分泌到胞外以免积累，这就是物质运输过程。一般大分子先水解为小分子，再吸收。脂溶性物质易透过，离子化合物极性弱的吸收快，极性强的吸收慢。微生物吸收营养物的方式有单纯扩散、促进扩散、主动运输和基团转位。

（1）单纯扩散（Simple Diffusion）：依靠胞内外溶液浓度差，顺浓度梯度运输，不消耗代谢能，无特异性。水、二氧化碳、氧气、甘油、乙醇等通过单纯扩散进出细胞。

（2）促进扩散（Facilitated Diffusion）：借助载体蛋白顺浓度梯度运输，不耗能，有特异性。载体蛋白（渗透酶）有底物特异性，是诱导产生的。

（3）主动运输（Active Transport）：吸收营养物的主要机制。逆浓度梯度运输，耗能，需载体蛋白，有特异性。氨基酸，乳糖等糖类，钠、钙等无机离子通过主动运输进出细胞。

上述 3 种方式中，被运输的溶质分子都不发生改变。

（4）基团转位（Group Translocation）：属主动运输，但溶质分子发生化学修饰——定向磷酸化，主要依赖磷酸烯醇式丙酮酸（PEP）和磷酸转移酶系统（PTS）。

运输葡萄糖、果糖、甘露糖、嘌呤、核苷、脂肪酸等时，膜对大多数磷酸化合物具有高度的不渗透性。

三、培养基

选用各种营养物质，经人工配制用来培养微生物的基质。

1. 培养基类型

依来源不同，分为合成培养基、天然培养基和半合成培养基。

依状态不同，分为固体培养基、半固体培养基和液体培养基。

依功能不同，分为选择培养基和鉴别培养基。

2. 选择和配制培养基的 4 个原则

（1）目的明确：培养什么微生物，获得什么产物，用途是什么。

（2）营养协调：恰当配比，尤其是碳氮比（100/0.52）。

（3）物理化学条件适宜：考虑 pH 值的影响，考虑培养基调节能力，渗透压和水活度（a_w）等要适宜。水活度表示在天然环境中，微生物可实际利用的自由水或游离水含量。微生物适宜生长的水活度为 0.6~0.998。氧化还原电位：好氧微生物在 0.1V 以上；兼性厌氧微生物在 0.1V 以上行好氧呼吸，在 0.1V 以下行发酵；厌氧微生物在 0.1V 以下生长。

（4）经济节约：配制培养基时应尽量利用廉价且易于获得的原料作为培养基成分，特别是在发酵工业中，以降低生产成本。

四、微生物菌种的保藏

微生物是具有生命的，其世代周期一般很短，在传代过程中容易发生变异、污染甚至死亡，因此常常造成生产菌种的退化，并有可能使优良菌种丢失。菌种保藏的重要意义就在于如何保持优良菌种优良性状的稳定，以满足生产的实际需要。

菌种保藏对于基础研究和实际应用都有非常重要的意义。在基础研究中，菌种保藏可保证研究结果获得良好的重复性。对于有经济价值的生产菌种，可靠的保藏条件可保证菌种的高产稳产。菌种的保藏方法很多，其基本原理都是根据微生物的生理生化特性，人为地创造条件，使微生物处于代谢不活泼、生长繁殖受到抑制的休眠状态，以减少菌种的变异。一般可以通过降低培养基营养成分、低温、干燥和缺氧等方法，达到防止突变、保持纯种的目的。菌种保藏的方法很多，一种好的保藏方法除了能长期保持菌种原有的优良性状不改变外，还应简便、经济，以便在生产上能广泛使用。

1. 斜面保藏法和穿刺保藏法

1）斜面保藏法

斜面保藏法是一种短期的保藏方法，广泛适用于细菌、放线菌、酵母、丝状真菌等的短期保藏。将微生物在适宜的斜面培养基和温度条件下培养并生长良好后，放入 4~5℃ 冰箱中保藏，一般保藏期为 3~6 个月，到期后须重新传种再行保藏。对不同的菌种，其保藏的温度和时间并非绝对相同。有个别菌种甚至在 37℃ 保藏为宜，也有的需要 1~2 周传代一次。这种保藏方法的弊端在于短期内多次传代容易引起菌种发生变异，杂菌污染的机会也随之增多。采用这种方法保藏菌种时，可以在可能的范围内减少碳水化合物的含量，或者将试管口更好地密封，减少培养基失水和杂菌污染，以延长保藏期。

2）穿刺保藏法

穿刺保藏法是斜面保藏法的一种改进，常用于各种好氧性细菌的保藏。其方法是配制 1% 的软琼脂培养基，装入小试管或螺口小管内，高度 1~2cm。121℃ 灭菌后，不制成斜面而使其凝固，用接种针将菌种穿刺接入培养基的 1/2 处。经培养后，微生物在穿刺处和培养基表面均可生长，然后覆盖 2~3mm 的无菌液体石蜡，放入冰箱保藏，可保藏 6~12 个月。液体石蜡能够防止培养基失水并隔绝氧气，降低微生物的代谢作用，因此保藏效果比斜面保藏法要好。如果直接将液体石蜡加入生长好菌种的斜面上，也可以得到相似的效果。在保藏期间如果发现液体石蜡减少，应及时补充。这种方法的适用范围较广，也可用于放线菌和真菌的保藏。穿刺保藏法和液体石蜡保藏法简便实用，但对不同的微生物种类保藏期有很大的差异，如有的真菌可保藏 10 年之久。对一些形成孢子能力很差的丝状真菌，液体石蜡保藏更有效。液体石蜡法不适用那些能够利用石蜡为碳源的微生物，如固氮菌、分枝杆菌、沙门氏菌、毛霉、根霉等。

2. 沙土管干燥保藏法

这种保藏法适用于产生孢子的丝状真菌和放线菌，或形成芽孢的细菌。其原理是造成干燥和寡营养的保藏条件。它的制备方法为：首先将沙和土分别洗净烘干并过筛（一般沙过 80 目筛，土过 100 目筛），按沙与土的比例为（1~2）:1 混合均匀，分装于小试管中，分装高度约为 1cm，121℃ 高压间歇灭菌 2~3 次，无菌实验合格后烘干备用。也有只用土或只用沙作载体进行保藏的。菌种可制成浓的菌或孢子悬液加入，放线菌和真菌也可直接刮下孢子与载体混匀。接种后置干燥器内真空抽干封口（熔封或石蜡封口），在 5℃ 冰箱内保藏。保藏期一般为两年，有的微生物可保藏 10 年之久。除了用沙、土作为载体外，还可用硅胶、磁珠或多孔玻璃珠来代替。适于这些载体保藏的微生物不多，保藏期亦较短，所以不及沙土更为实用。

3. 真空冷冻干燥保藏法

由于这种菌种保藏方法的保藏期长、变异小、适用范围广，是目前较理想的保藏方法，是各保藏机构广泛采用的主要保藏方法。例如，曾报道美国模式培养物集存库（ATCC）保藏的 6500 多株菌种中，仅有不到 100 株无法用这个方法保藏。98.5% 的病原菌可以用这一方法保藏。其原理是创造干燥和低温的保藏环境。基本方法是在较低的温度下快速将微生物细胞或孢子冻结，保持菌种的细胞完整，然后在减压情况下使水分升华，这样使细胞的生长代谢等生命活动处于停止状态，得以长期保藏。这种方法的基本操作程序如下：

（1）安瓿管的处理。安瓿管的内径一般为8~10mm，长度不小于100mm。先用毛细管加入洗涤液浸泡过夜，再用蒸馏水洗干净后烘干，瓶口加棉花塞好，并用纸包上，121℃灭菌30min，取出在60℃烘箱中干燥备用。

（2）保护剂。其作用是保持菌种细胞的生命状态，尽量减少冷冻干燥时对微生物引起的冻结损伤。保护剂还可以起支持作用，使微生物疏松地固定在上面。保护剂可采用低分子和高分子化合物，如氨基酸、有机酸、糖类、蛋白质、多糖等。常用的有脱脂牛奶和血清，如马血清或加入7.5%葡萄糖的马血清。

（3）菌悬液制备。应该用最适的培养条件（如培养基、温度、培养时间等）培养菌种，以获得良好的培养物用于长期保藏。培养时间应掌握在生长后期，因为对数生长期的细胞对冷冻干燥的抵抗力较弱；产孢子的微生物须适当延长培养时间，以期获得成熟的孢子。一般细菌培养24~48h，酵母72h，放线菌和丝状真菌7~10天。操作时，在无菌条件下先将少量保护剂加入斜面培养基，轻轻刮下菌苔或孢子，制成菌悬液。用毛细滴管取0.1~0.2mL菌悬液加进灭好菌的安瓿管中，塞好棉花塞。

（4）冷冻干燥。冷冻温度达-30~-15℃即可。装入菌悬液的安瓿管应尽快冷冻，以防菌体沉淀为不均匀的菌悬液以及微生物再次生长或萌发孢子。达到冷冻温度后，立即启动真空泵，在15min内使真空度达到66.661Pa。真空度上升至13.3322Pa以上，可以升高温度至20~30℃。此时由于升华还在继续，样品不会融化。干燥完毕后，关闭真空泵，排气，取出安瓿管，在多孔管道上再抽真空并封口。

（5）安瓿管的保藏。安瓿管在4~5℃下可保藏5~10年，室温下保藏效果不佳。影响保藏效果的因素除菌种、菌龄外，还与样品中的含水量有关，通常含水量在1%~3%时保藏效果较好，5%~6%时保藏效果相应降低，含水量达到10%以上时，样品就很难保藏。

4. 液氮冷冻保藏法

液氮法保藏菌种的效果好，方法简单，保藏对象也最为广泛。其方法是将浓的菌悬液加入灭菌的保护剂中，如细菌加入终浓度为10%的甘油或5%的二甲基亚砜（DMSO）作为防冻保护剂。每个安瓿管分装0.2~1cm菌悬液，立即封口。封口后要严格检查安瓿管，不能有裂纹，确保液氮不致渗入安瓿管，以免取用时安瓿管破裂。经过检验的安瓿管开始以每分钟降低1℃的速度冷却至-25℃左右，再放入液氮罐。有的菌种在放入液氮罐之前，须用干冰、乙二醇等制冷剂冷却至-78℃。安瓿管保藏在-15℃或-196℃的液氮中，保藏期一般为2~3年，长的可达9年。液氮每周的蒸发量大约为1/10，所以保藏期中要注意液氮的补充，使液氮液面保持在固定的水平。从液氮罐中取出安瓿管应当放入38~40℃的温水中振荡1~2min，使之完全融化，这样有利于细胞的复苏。ATCC的经验认为，这样处理后再移种比自然融化的存活率要高。

5. 低温保藏法

大多数微生物可在-20℃以下的低温环境中保藏。在密封性能好的螺口小管中加入1~2mL菌液，封口后直接放入低温冰箱保藏即可。一般温度低时保藏效果好，如果低温冰箱发生温度变化，引起悬液融化，则会影响保藏效果。应用浓度高的菌悬液为宜，但因微生物不同而异。该方法的保藏期在一年左右，某些菌可保藏长达 10 年。对容易死亡的无芽孢厌氧菌特别适用，大多数能存活数年，对放线菌也很有效。此方法在实际应用中比冷冻干燥法更方便，但要注意低温冰箱的故障和停电事故，可以在低温槽内留有一定的空间，如果发生故障可加入干冰，以防止培养物融化。融化后的菌种不能再低温保存，要重新移种后再冷藏。

第二章 微生物提高原油采收率技术

微生物采油是利用微生物的活动及其代谢产物进行强化采油的技术。本章在采油方法方面按照作业方式和作用原理给出三种处理方法，同时介绍了微生物采油机理和菌种的筛选方法，分别介绍了源微生物的激活和提高外源微生物采收率的方法以及微生物在矿场上的应用等相关内容。

第一节　微生物采油机理及分类

一、微生物采油技术方法的定义与分类

微生物采油（MEOR）是利用微生物自身的活动（细胞体的作用、生物降解及其他微生物自身的特性）和微生物代谢产物（主要为生物表面活性物质、有机溶剂、生物聚合物、气体）来增产或提高采收率的一项技术。

微生物采油是一种综合的技术方法，各国对这种方法的分类不完全一致。总体上来说，将微生物采油分为两大类（地面培养和地下培养）、三种方法（微生物单井处理、微生物驱油和生物调剖）。

地面培养是通过工厂化培养后分离有用产物再注入油藏的方法；地下培养是将微生物和营养物一起注入油藏的方法（就是人们常说的微生物驱），对此类型文献中常用 in situ MEOR 标识。地下培养对菌种的要求主要有两点：一是能在目标油藏中快速繁殖；二是能代谢产生有用的产物。

按照作业方式和作用原理，微生物采油分为以下三种处理方法。

生物单井处理（Microbial Well Stimulation）：包括单井吞吐、清防蜡处理等单井作业（图 2-1）。这种方法在许多国家应用，技术上已经成熟。

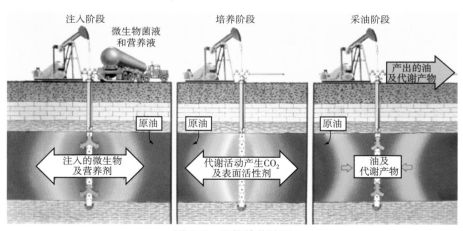

图 2-1　生物单井处理

微生物驱油（Microbial Enhanced Oil Recovery）分两种方式：一是将分离驯化的微生物菌种连同营养物接种到目标油藏后再水驱；二是利用油藏中已经存在的微生物，注入部分营养物增加这些微生物的活性（即所谓的"激活"作用）然后再水驱，文献标识为indigenous MEOR，即本源微生物驱油方法（图2-2）。indigenous MEOR方法的应用有严格的油藏条件限制。

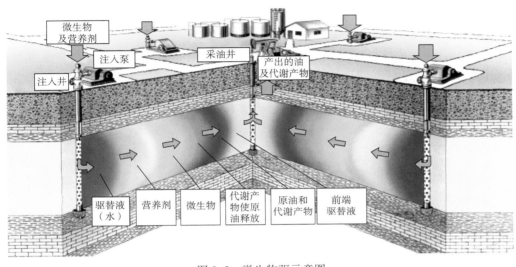

图 2-2　微生物驱示意图

生物调剖（Profile Control and Sweep Improvement）：将分离驯化的产聚合物的菌种连同营养物一起注入油藏，或注入特定的营养物激活地层微生物，利用微生物细胞体自身和聚合物封堵大渗透率带。

根据微生物菌种的来源，可将微生物采油分为内源微生物采油和外源微生物采油。内源微生物采油技术就是利用生产井地层中本身存在的微生物，利用营养物质进行选择性培养，使有利于驱油的微生物数量增多，进行繁殖代谢。外源微生物采油是筛选出菌种，将菌种和营养物质及其他物质（如空气等）一同在注水井或油井注入地层，菌种在地层中生长达到提高采收率的效果。

二、微生物采油机理

微生物在一定条件下以石油烃或糖蜜等作碳源，降解石油或通过生物化学活动产生的代谢产物（如酸、表面活性剂、低分子量溶剂、生物聚合物、气体等）增加油层出油量，此即微生物采油的基本原理。这种生物化学过程可在地面或地下（油藏条件下）发生。在油藏条件下发酵或降解石油的生物化学过程分为异源微生物采油和本源微生物采油，前者同时向地层注入细菌、孢子和营养液，后者只是注入营养液以激活地层中的本源细菌。微生物在油藏条件下增加石油采收率可能的机理总结如下[2]。

1.表面活性剂提高采收率机理

生物表面活性剂是由微生物产生的具有表面活性的两性化合物。与化学合成的表面活性剂相比，除具有低表面张力、稳定乳化液和发泡等相同特性外，还具有无毒、能生物降解等特性，有利于环境保护。微生物产生的生物表面活性剂包括糖脂、脂肽、多糖－脂类复合物、磷脂、脂肪酸等。它们主要由利用碳氢化合物的微生物产生，用来乳化这些碳源，以利于菌体的吸收。中国科学院上海有机化学研究所的潘冰峰等从土壤、污泥和污水等处获取约 1000 个样品，经过富集培养、血平板分离和斜面培养获得 1200 株菌株。通过表面活性测定，得到表面活性稳定、表面张力较低的 10 株菌株。表面活性剂和微生物菌体可通过改变岩石润湿性，从而减少原油在岩石表面的黏附功，以剥离和启动剩余油、加速原油的聚集和流动，这是微生物提高采收率的重要机理之一。

2. 生物气提高采收率机理

微生物在代谢过程中，可把氮源、碳源、有机物等还原成气体。微生物采油菌产生的气体主要有 CO_2、N_2、H_2、CH_4 等。

硫酸盐还原菌的代谢过程及产气种类方程式为：

$$硫酸盐 + 挥发性脂肪酸 \longrightarrow 细胞 + CO_2 + H_2S$$

脱氮含硫杆菌在厌氧条件下的代谢方程式为：

$$CO_2 + NO_3^- + 还原硫 \longrightarrow 细胞 + N_2 + SO_4^{2-} + H^+$$

上述过程总方程式为：

$$挥发性脂肪酸 + NO_3^- \longrightarrow 细胞 + N_2 + H^+$$

厌氧微生物的代谢方程式为：

$$碳源 + 氮源 \longrightarrow 细胞 + 有机酸 + CH_4 + CO_2 + 水$$

苏联西西伯利亚 Vyngapour 油田微生物采油项目研究人员，在室内对微生物产气量进行了研究，发现产气量和产气种类不但与菌种类型有关，还与营养物成分有关。

生物气的提高采收率机理有：溶解于油中增大原油体积；溶解于油中降低原油黏度；以微气泡存在于孔隙中，以减少油层中剩余原油饱和度。

A.K.Stepp 和 M.M.Cheng 等及 R.S.Bryant 和 D.O.Hitzman 等用计算机层析成像（CT）研究证实了生物气在孔隙介质中的存在。

3. 生物酸和溶剂的提高采收率机理

多数微生物产生有机酸，还有部分微生物产生酮和醇。

酮和醇是有机溶剂，可溶解高分子的碳氢化合物，如石蜡、胶质、沥青等，以降低原油黏度，提高原油流动性，解除有机质对孔隙的堵塞。

有机酸的提高采收率机理有：溶解孔隙喉道中的碳酸盐沉淀，增加油层渗透率；溶蚀石英与碳酸盐岩表面，增加孔隙度与渗透率；与碳酸盐岩发生化学反应生成 CO_2 气体，CO_2 溶在油中可增大原油体积，减小原油黏度，并使原油聚集。

G.E.Jemneman 等实验研究了微生物生长过程中溶液 pH 值与生长时间的关系，并研究了压力对生长过程的影响。利用离子色谱仪进行分析，有机酸为甲酸、乙酸、丙酸和丁酸。用 HP5880 型气相色谱仪进行分析，有机溶剂为甲醇、乙醇、丙酮、异丙醇、正丙醇、正丁醇、异丁醇、二丁醇和三丁醇。

4. 微生物降解原油提高采收率机理

某些微生物能以原油中的石蜡、沥青等长碳链为碳源进行新陈代谢，或产生生物酶，对原油中的长碳链分子产生催化作用，使其断裂成短碳链，从而降低原油黏度，降低原油凝点，减少蜡的析出和沉积，这也是微生物降黏防蜡的主要机理[3]。

5. 微生物调剖堵水提高采收率机理

实验发现，在微生物菌液注入过程中，注入压力往往会升高，说明油层渗透率发生变化，菌液堵塞了岩心。微生物代谢产生的多糖类聚合物，又会使菌液或注入水黏度增加，改善流度比。微生物的选择性封堵和调剖，是微生物提高采收率的又一重要机理[4]。

微生物存在引起岩石孔隙堵塞的机理有：

（1）生物体堆积，包括活的和死的生物体、细菌片段以及外来的菌体在孔隙中的堆积。

（2）生物代谢过程中生成的生物聚合物膜在孔隙壁上的黏附，减小了孔隙尺寸。

（3）生化过程中生成的脂肪酸等有机质同钙、镁等离子生成的碳酸盐、硫化铁等沉淀。

第二节　采油微生物的分离与筛选

采油微生物是指能够在油藏环境中生长、降解原油或代谢产生生物表面活性剂、有机酸、气体、生物聚合物等一种或多种物质，从而提高注入水波及效率和驱油效率，最终提高油井原油产量或油藏原油采收率的一类微生物的总称。自从 1926 年提出微生物采油的设想以来，采油微生物菌种的开发一直是该领域研究的重点和难点。微生物采油菌种必须以油藏条件为筛选标准，同时细菌的培养底物要价廉以降低成本，并在原油存在的条件下能长期生长繁殖代谢、同化原油，以利于提高原油采收率。

一、采油微生物菌种的来源与采集

1. 采油微生物菌种的来源

采油微生物菌种来源主要包括以下 3 种途径：

（1）在自然保护界中筛选直接获得菌种。

（2）自然界中的菌种通过高温、高盐环境定向驯化获得。

（3）利用现代生物技术构建采油微生物工程菌种等。

2. 采油微生物菌种的采集

采用上述途径开发获得了大量的采油微生物菌种，形成了较为成熟的技术方法。通过参考普通微生物的样品采集方法，结合采油微生物的特点，提出了采油微生物样品采集的方法。

1）原理

采油微生物广泛分布于自然界中，在被原油污染的水或土壤中，如采油井附近的土壤、储油罐、炼油厂污水池等，特别是在油藏产出水中一般可分离到降解原油的微生物；在糖厂污泥中，往往可分离到能够代谢产生聚合物或生物表面活性剂的微生物等。一般而言，特定环境中特定性能的微生物的丰度较高。利用这一特点，选取合适的取样点采集样品，有助于分离获得典型的采油微生物优秀菌种。

2）采样方法

（1）土壤样品。选择具有某种代表性的土壤，如被原油污染的土壤等；清除掉地表浮土，用刮铲在 5~15cm 深处采样；将采集到的土样装入聚乙烯塑料袋或玻璃瓶，封好塑料袋或旋紧瓶盖；在塑料袋或玻璃瓶上完整地标上采集日期、地点，以及采集地点的地理、生态的主要参数等。

（2）地表水样品。选择具有代表性的地表水，如油田污水、炼厂污水等；握住灭菌的螺口塑料瓶浸入水中，然后瓶口朝下打开瓶盖，让水样进入；用于好氧菌分析的样品，玻璃瓶应留有 1/5 空间，用于厌氧菌分析，样品应充满玻璃瓶，旋紧瓶盖：在玻璃瓶上完整地标上采集日期、地点，以及采集地点的地理、生态的主要参数等。

（3）油藏产出水样品。选择具有代表性的油井，如高温油藏的油井、高矿化度油藏油井、不同原油性质的油藏油井、不同储层沉积环境的油藏油井等；开启井口取样口，让产出液流出 10min；打开取样瓶，接收产出液冲洗 3 次；采集样品，用于好氧菌分析的样品，玻璃瓶应留有 1/5 空间，用于厌氧菌分析，样品应充满玻璃瓶，旋紧瓶盖。在玻璃瓶上完整地标上采集日期、油藏名称、油井井号以及油藏的主要特性参数（如温度、油藏深度、矿化度等）。

二、菌种筛选方法

微生物采油技术的关键在于菌种，菌种的好坏直接关系到矿场的使用效果。迄今为止，有关微生物采油的研究很多，但筛选 MEOR 高效菌种是一个永恒的课题，培育优秀菌株是微生物采油技术的关键因素。筛选 MEOR 菌种的条件需从油藏具体环境和微生物自身特点两个方面来确定。首先，试验菌应在油藏环境条件下生长良好并能产生大量代谢产物，所采用的微生物能耐受厌氧条件，适应油层的温度和矿化度。从以往微生物采油的研究和现场试验可知，MEOR 菌种既可以是好氧菌，也可以是厌氧菌。厌氧菌分为两种类型：一种为严格厌氧菌，分子氧的存在对细胞的生长有毒害作用；另一种为兼性厌氧菌，在有氧或缺氧条件下细胞都能生长。但由于油藏处于缺氧状态，而在使用处理过程中无法做到绝对无氧状态，故所用菌种最好为兼性厌氧菌。兼性厌氧菌的优势还在于它可以在地面好氧条件下快速培养，注入地层后在厌氧环境中繁殖生长，大大缩短了在地面上的培养时间。

细菌生长的温度范围应与油层温度一致。基于以上考虑，对筛选 MEOR 菌种的标准进行总结：（1）在油藏环境条件下能够生长；（2）油层处于缺氧状态，菌种最好是严格厌氧的，或至少是兼性厌氧的；（3）具备 MEOR 法中提及的机理中的一种或几种功能，具有以上某种功能的细菌称为功能菌；（4）从经济角度看，营养物最好是以烃类物质为主，添加少量营养物质；（5）从安全角度看，所筛选的菌种应是非致病菌，对动物和植物都不产生毒害作用；（6）能否用于现场，要通过室内模拟实验，以确定提高采收率的效果，减少盲目性。

上述筛选标准对微生物采油菌提出的要求是基本的，或在很大程度上是应具备的，作为筛选新菌种的参照依据。在 MEOR 实施过程中，可以单独使用某一菌种，但为了发挥微生物的协同作用，更多地实施使用配伍性较好的混合菌种。

1. 菌种筛选方案

在实际工作中，为了提高筛选效率，往往将筛选工作分为初筛和复筛两步进行。初筛的目的是删去不符合要求的大部分菌株，把生产性状类似的菌株尽量保留下来，使优良菌种不至于漏网。因此，初筛工作以量为主，测定的精确性还在其次。初筛的手段应尽可能快速、简单。复筛的目的是确认符合生产要求的菌株，所以复筛步骤以质为主，应精确测定每个菌株的生产指标。

2. 菌种筛选的手段

筛选的手段必须配合不同筛选阶段的要求。对于初筛，要力求快速、简便；对于复筛，应做到精确，测得的数据要能够反映将来的生产水平。

1）平皿快速检测法

平皿快速检测法是利用菌体在特定固体培养基平板上的生理生化反应，将肉眼观察不到的产量性状转化成可见的"形态"变化，具体的有纸片培养显色法、变色圈法、透明圈法、生长圈法和抑菌圈法等。这些方法较粗放，一般只能定性或半定量用，常用于初筛，但它们可以大大提高筛选的效率。它的缺点是由于培养皿上种种条件与摇瓶培养，尤其是发酵罐深层液体培养时的条件有很大的差别，有时会造成两者的结果不一致。平皿快速检测法操作时应将培养的菌体充分分散，形成单菌落，以避免多菌落混杂在一起，引起形态大小测定的偏差。

（1）纸片培养显色法：将饱含某种指示剂的固体培养基的滤纸片搁于培养皿中，用牛津杯架空，下放小团浸有 3% 甘油的脱脂棉以保湿，将待筛选的菌悬液稀释后接种到滤纸上，保温培养形成分散的单菌落，菌落周围将会产生对应的颜色变化。从指示剂变色圈与菌落直径之比可以了解菌株的相对产量性状。指示剂可以是酸碱指示剂，也可以是能与特定产物反应产生颜色的化合物。

（2）变色圈法：将指示剂直接掺入固体培养基中，进行待筛选菌悬液的单菌落培养，或喷洒在已培养成分散单菌落的固体培养基表面，在菌落周围形成变色圈。如在含淀粉的平皿中涂布一定浓度的产淀粉酶菌株的菌悬液，使其呈单菌落，然后喷上稀碘液，发生显色反应。变色圈越大，说明菌落产酶的能力越强。根据变色圈的颜色，又可粗略判断水解产物的情况。

（3）透明圈法：在固体培养基中掺入溶解性差、可被特定菌利用的营养成分，造成浑浊、不透明的培养基背景。在待筛选的菌落周围就会形成透明圈，透明圈的大小反映了菌落利用此物质的能力。在培养基中掺入可溶性淀粉、酪素或碳酸钙，可以分别用于检测菌株产淀粉酶、产蛋白酶或产酸能力的大小。

（4）生长圈法：利用一些有特别营养要求的微生物作为工具菌，若待分离的菌在缺乏上述营养物的条件下，能合成该营养物，或能分泌酶将该营养物的前体转化成营养物，则在这些菌的周围就会有工具菌生长，形成环绕菌落生长的生长圈。该法常用来选育氨基酸、核苷酸和维生素的生产菌。工具菌往往都是对应的营养缺陷型菌株。

（5）抑菌圈法：待筛选的菌株能分泌产生某些能抑制工具菌生长的物质，或能分泌某种酶并将无毒的物质水解成对工具菌有毒的物质，从而在该菌落周围形成工具菌不能生长的抑菌圈。例如：将培养后的单菌落连同周围的小块琼脂用穿孔器取出，以避免其他因素干扰，移入无培养基平皿，继续培养 4~5 天，使抑制物积累，此时的抑制物难以渗透到其他地方，再将其移入涂布有工具菌的平板，每个琼脂块中心间隔距离为 2cm，培养过夜后，即会出现抑菌圈。抑菌圈的大小反映了琼脂块中积累的抑制物浓度的高低。该法常用于抗生素产生菌的筛选，工具菌常是抗生素敏感菌。由于抗生素分泌处于微生物生长后期，取出琼脂块可以避免各菌落所产生抗生素的相互干扰。典型的例子是春雷霉素生产菌的筛选。

2）摇瓶培养法

摇瓶培养法是将待测菌株的单菌落分别接种到三角瓶培养液中，振荡培养，然后再对培养液进行分析测定。摇瓶与发酵罐的条件较为接近，所测得的数据就更有实际意义。但是摇瓶培养法需要较多的劳力、设备和时间，所以摇瓶培养法常用于复筛。但若某些突变性状无法用简便的形态观察或平皿快速检测法等方法检测时，摇瓶培养法也可用于初筛。初筛的摇瓶培养一般是一个菌株只做一次发酵测定，从大量菌株中选出 10%~20% 较好的菌株，淘汰 80%~90% 的菌株；而复筛中摇瓶培养一般是一个菌株培养 3 瓶，选出 3~5 个较好的菌株，再做进一步比较，选出最佳的菌株。

3）特殊变异菌的筛选方法

上述筛选菌株方法的处理量仍是很大的，为了从存活的每毫升 10^6 个左右细胞的菌悬液中筛选出几株高产菌株，要进行大量的稀释分离、摇瓶和测定工作。虽然平皿快速检测法作为初筛手段可减少摇瓶和测定的工作量，但稀释分离的工作仍然非常繁重。而且有些高产变异的频率很低，在几百个单细胞中并不一定能筛选到，因此建立特殊的筛选方法是极其重要的。例如，营养缺陷型和抗性突变菌株的筛选有它们的特殊性，营养缺陷型或抗性突变的性状就像一个高效分离的"筛子"，以它为筛选的条件，可以大大加快筛选的进程并有效地防止漏筛。在现代育种中，常有意以它们作为遗传标记选择亲本或在 DNA 中设置含这些遗传标记的片段，使菌种筛选工作更具方向性和预见性。

第三节　内源微生物提高原油采收率技术

一、内源微生物采油简介

内源微生物是指长期栖息于油层中以烃为唯一碳源生长的微生物。内源微生物采油技术是通过调整油层中固有群落的生物活性来增加石油采收率的一种生物技术（图 2-3），它属于油层微生物生态学范畴。油层微生物生态研究已经历半个多世纪，结果证实，水驱后油层中就存在着群落多、关系复杂的微生物区系，特别是其中的烃氧化菌、甲烷菌等可产生有利于驱油的物质。利用内源微生物驱油，就是通过往地层中注入营养液激活地层中处于休眠状态的好氧和厌氧微生物，以原油及中间代谢产物为碳源生长繁殖，产生有利于增油的代谢产物，如气体、低分子量溶剂、生物表面活性剂、短链有机酸、生物多糖等，达到改善油藏、提高原油采收率的目的。由于石油资源短缺，勘探费用不断增加，并且经注水采油后 65%~70% 内源 MEOR 方法以地层固有微生物活性作用为基础，在注水中引入空气以及含磷源和含氮源的矿物质无机盐。

第一阶段：好氧发酵阶段。注水井近井地带好氧的和兼性厌氧的烃氧化菌被激活，由于烃类的部分氧化，产生醇、脂肪酸、表面活性剂、二氧化碳、多糖和其他物质。这些物质既可用作原油释放剂，也可用作厌氧微生物（包括产甲烷菌）的营养源。

第二阶段：厌氧发酵阶段。产甲烷菌在缺氧层被激活，产生甲烷和二氧化碳，这些物质在溶于油后就会增加油的流动性，进而提高采收率。该阶段生物产生的同位素轻甲烷与总甲烷的比例增加。

在第一阶段中，如果井眼周围原油被冲洗较干净，还需适当注入原油。油层中缺乏氧和氮源、磷源，所以要注空气和含氮源、磷源的矿物质。在氮源不足的情况下细菌繁殖缓慢，而且将碳源转化为胞外黏液，而不是形成细胞质；如果磷源不足，细胞不能合成足够的腺苷三磷酸（ATP）来维持代谢功能。在这些情况下，细胞只能简单地增殖体积尺寸，但不能进行分裂。好氧发酵主要导致地层水中碳酸氢盐和乙酸盐含量增加，厌氧发酵主要导致甲烷含量增加。

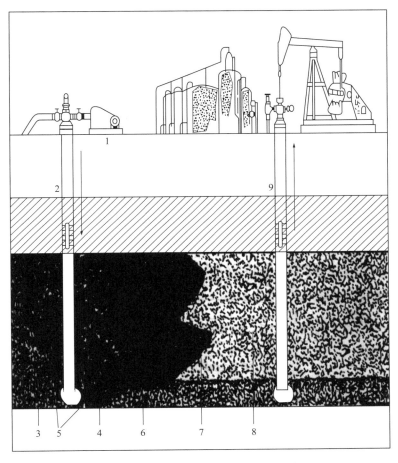

图 2-3　内源微生物提高原油采收率示意图

1—泵；2—注水井；3—富含营养剂的水体；4—残余油带；5—地层微生物活动带；6—微生物代谢产物（气体、生物聚合物、表面活性剂等）；7—油层前锋；8—含油岩石；9—生产井

二、油藏中的内源微生物

油藏为一极端环境，这种环境中孕育着物种多样的微生物，这些微生物代谢类型多、变异性大，在生态系统中占有重要的位置，对研究极端微生物的适应机制、获取多样化的微生物功能基因和开发新的微生物产品有重要意义；同时，这些微生物自身也是极其重要的资源，将油藏微生物资源应用于油田开发领域已经取得预期的效果。油藏微生物主要分为好氧菌和厌氧菌，好氧菌在氧化还原电位 100mV 以上生长，厌氧菌在 –100mV 下时才生长。

1. 好氧微生物

1）烃氧化菌

好氧微生物主要为烃氧化菌，它在油藏中广泛存在。在内源微生物采油的好氧降解阶段，烃氧化菌降解石油（尤其是含蜡原油），产生有机酸、乙醇、多聚糖、生物表面活性剂、溶剂、生物聚合物以及二氧化碳和甲烷等。这些产物一方面对提高石油采收率有利，另一方面随注入水推进到地层深部无氧地带时，激活厌氧微生物，进一步降解，最终产生乙酸盐、二氧化碳和甲烷等，降低原油黏度，提高石油采收率。因此，在内源微生物采油技术中，烃氧化菌起着首要的和关键的作用，既可直接增油，又可为厌氧菌提供食料。

2）铁细菌

铁细菌是能从氧化二价铁中得到能量的一群细菌，形成的氢氧化铁可在细菌膜鞘的内部或外部储存。油田中常见的种类有嘉氏铁柄杆菌属、铁细菌属、纤毛菌属、球衣菌属及鞘铁细菌。铁细菌是一种好氧异养菌，也有兼性异养和严格自养的，在含氧量小于 0.5mg/L 的系统中也能生长。溶解于水中的亚铁浓度对该菌生长极为重要，总铁量为 1~6mg/L 时在水中可旺盛繁殖，低至 0.1mg/L 时水中也有铁细菌。嘉氏铁柄杆菌属严格自养，有机物对它有害，而其他异养铁细菌以有机物为营养源，且特别偏铁与锰的有机物。

3）腐生菌

好氧微生物还有腐生菌，它是好氧异养菌的一种，常见的有气杆菌、黄杆菌、巨大芽孢杆菌、荧光假单胞菌、枯草芽孢杆菌等，是一个混合体，既能在有氧条件下生存，也能在厌氧条件下生存，介于厌氧降解与好氧降解之间，是内源 MEOR 中好氧降解与厌氧降解的连接群体。腐生菌属于中温型细菌，10~45℃生长。在大港孔店油田，发现烃氧化菌和腐生菌数量较大，最高达 10^6 个 /mL。

2. 厌氧微生物

油藏中典型的厌氧微生物有产乙酸盐菌、产甲烷菌和硫酸盐还原菌，还有硫细菌、反硝化细菌等，它们都是共生关系。

1）产乙酸盐菌

产乙酸盐菌属于厌氧菌，它与产甲烷菌、硫酸盐还原菌等共生。通常，有机物在厌氧条件下的分解作用是一个复杂的多阶段过程。第一阶段，有机物发生水解等复杂反应，结果使糖类、氨基酸和肽聚集起来。中间阶段，这些化合物被产乙酸的发酵菌和质子还原菌利用，结果生成了低分子量脂肪酸（C_3、C_4 等）、乙酸、二氧化碳和氢气。最后阶段，这些培养基物质分别经产甲烷菌和硫酸盐还原菌作用而转化成甲烷和硫化氢。

由此可见，产乙酸盐菌在有机物分解过程中起一个中间桥梁作用。这种菌能够利用种类众多的培养基质，使其 C—C 键裂解，进而转换为用 C_1 化合物来形成乙酸盐。这一生理特性使产乙酸盐菌与众不同，从而决定了它在调控全部厌氧群落，特别是油层缺氧带形成的群落的作用活力方面的独特地位。在油层残余油的好氧—厌氧分解过程中，一方面，产乙酸盐菌可以使烃类的好氧氧化产物进一步降解，从而转化为乙酸、二氧化碳和氢气；另一方面，该菌能够实现还原性的产乙酸作用，从而由氢和二氧化碳按下列方程式形成乙酸。

最早发现同型乙酸菌，Weiringa 在 1940 年就分离到了乙酸梭菌（*Clostridium actticum*），现已分离到包括 4 个属的 10 多个种，其代表性种有甲酸乙酸化梭菌和大洒并型梭菌、伍德氏产乙酸杆菌、诺特拉产乙酸厌氧菌、嗜热氧化乙酸脱硫肠状菌等，其种类和性能详见表 2-1 和表 2-2。

表 2-1　常见的氧化氢的产乙酸菌的特性比较

特征		乙酸梭菌	伍德氏产乙酸杆菌 ATCC29683	威林格氏乙酸杆菌 DSM1911	基维产乙酸菌 (Acetogenium kivui) ATCC33488	诺特拉产乙酸厌氧菌 ATCC35199
细胞形态		杆状	卵杆状	卵杆状	杆状	杆状
细胞大小 μm×μm		（8~1.0）×5	1×2	1×（1~2）	（0.7~0.8）×（2~7.5）	8×（1~5）
革兰氏染色反应		−	+	+	−	−
运动性		+	+	+	−	+
鞭毛		周生	亚极生	亚极生	无	周生
芽孢形成		+	−	−	−	−
菌落形成		拟根状	圆形	圆形	圆形	拟根状
适宜 pH 值		8.3	NR	7.2~7.8	6.4	7.6
温度适宜性，℃		30	30	30	66	37
发酵基质	果糖	+	+	+	+	+
	葡萄糖	−	−	−	+	+
	麦芽糖	−	−	−	−	+
	丙酮酸	+			−	−
氧化氢气时对酵母汁的要求		+	−	−	−	+
G+C 含量 %（摩尔分数）		33	39	43	38	37
研究者		Braun 等（1982）	Balch 等（1977）	Braun 等（1982）	Leigh 等（1981）	Sleat 等（1985）

注：（1）电镜表明基维产乙酸菌细胞壁为 G[+] 胞壁结构，诺特拉产乙酸厌氧菌细胞壁为非典型的双层结构。

（2）NR 表示没报道。

表 2-2　一些同型产乙酸菌和其他产乙酸菌的特征

细菌	生长适宜温度 ℃	适宜 pH 值	G+C 含量，%（摩尔分数）	一碳物上的生长				分离源	分离年份	研究者
				H_2/CO_2	甲酸	CO	CH_3OH/CO_2			
同型产乙酸菌[①]	37	7.6~7.8	37	+	nd	−	nd	沼泽	1985	Sleat
诺特拉产乙酸厌氧菌	27	7	38	+	nd	+	+	淤泥	1984	Eicher 和 Schink
裂解碳产乙酸杆菌	30	7.2~7.8	43	+	nd	nd	+	废水	1982	Braun 和 Gottschalk
威林格氏产乙酸杆菌	30	nd	39	+	+	+	+	海洋	1977	Balch 等
	66	6.4	38	+			nd	港湾	1981	Kerby 等
伍德氏产乙酸菌	30	8.3	33	+		−	nd	湖泊	1940	Leigh 等
基维产乙酸菌	37	7.2~7.8	34	−	nd	−	−	沉积物	1981	Andresen
乙酸梭菌[②]	31	7.0	29	−	nd	+	−	沉积物	1970	Ljungdah1
甲酸乙酸梭菌[③]	60	6.8	54	+	+	+	+	废水	1984	Schink
大洒并型梭菌	60	5.7	54	+	+	+	+	淤泥	1942	

续表

细菌		生长适宜温度℃	适宜pH值	G+C含量,%（摩尔分数）	一碳物上的生长				分离源	分离年份	研究者
					H_2/CO_2	甲酸	CO	CH_3OH/CO_2			
嗜热乙酸梭菌		30	7.5	42	+	nd	+	nd	淤泥	1981	Fontaine 等
嗜热自养梭菌（C.thermoautorop hicum）		35	6.5	42	+	nd		+		1982	Wiegel
嗜酸芽孢菌	卵形芽孢菌（S.ovata）	34	6.3	42	+	nd	+	+		1985	Wiegel 等
	拟球形芽孢菌	36	6.5	47	+	nd		+		1983	Adamse 和 Velzeboer 等
其他产乙酸细菌	甲基营养型丁酸杆菌④	39	7.5	49	+	+	+	+	废水	1980	Kerby 等
	黏液真杆菌⑤	39	7.2	49	+	+	+	nd	瘤胃	1981	Zeikus 等
	生产消化链球菌⑥	37			+	+	−	+	废水	1984	Genthner
	东方脱硫肠状菌⑦	37			+	+	+	+	废水	1985	Lorowitz
	巴氏脱硫弧⑧	37				+	+	+	淤泥	1981	Klemps 等

①需要酵母汁。
②从苯甲醚的甲氧基团形成乙酸。
③当生长于果糖上时从甲酸和 CO_2 形成乙酸。
④丁酸和乙酸为产物。
⑤除乙酸外，丁酸和乙酸为特殊产物。
⑥以葡萄糖和 CO 或 CO_2/H_2 为生长基质时，H_2、乙酸、乳酸和琥珀为产物，乙酸为主要产物。
⑦当生长于无硫酸盐培养基上以三甲氧基苯甲酸为基质时，产物为苯甲基酯和乙酸，有时有丁酸。
⑧电子供体不是 H_2 而是甲酸，甲酸和 CO_2 都经乙酰辅酶 A 结合进入细胞。

产乙酸盐菌分布广泛、种类多，能把各种不同的有机物质转化为乙酸。据估计，全球每年由 CO_2 固定产生物质大约为 $150 \times 10^{12} kg$，其中 10% 的生物质被转换为 CH_4，而 70% 或更多的 CH_4 来自乙酸。由此可见，产乙酸菌在自然界乙酸形成中的作用和碳生物地球化学循环中的意义十分重大。

2）产甲烷菌

产甲烷菌是严格厌氧菌，在氧化还原电位为 −330mV 以下时才能生存和产甲烷，只能在以 H_2/CO_2、甲酸、甲醇、甲胺或乙酸为能源和碳源的培养基中生长，而不能在其他基质中生长。从油藏中分离出的产甲烷菌培养基碳源通常分为 H_2+CO_2 和乙酸两类。

1979 年，苏联微生物学家 Belyaev 等运用选择性富集培养技术，从深 1650m 的油田岩心和地层水中分离到了产甲烷杆菌和球菌的混合培养物，该油田曾有活跃的产甲烷作用。在 37~45℃ 下生长发育最佳，在 H_2+CO_2 培养基上培养 16~18h，生长良好，加入乙酸盐会显著提高其生长速率。Na_2S 含量达 0.06% 或 NaCl 含量达到 3.1% 时其生长完全受阻，说明硫化物和盐含量高抑制其生长。该油田产甲烷菌总数达 2500~6000 个 /L；产甲烷速率为 $(195~227) \times 10^{-6} mL/(L \cdot d)$；起源于乙酸盐中的 CH_4 含量高达 69%。同时，从墨西哥海湾上油田平台上注入地层水的过滤器中分离出了能在 10%NaCl 盐度下生长的产甲烷菌株。

1992 年，在鞑靼斯坦和西西伯利亚油田中分离出杆状产甲烷菌，该菌为嗜热产甲烷菌（高达 80℃），在 60℃ 下分解乙酸盐产甲烷，并且耐高盐度达 10%，但只有在 3%~4% 盐度以下时才生长活跃，产甲烷速度快。

1997 年，从鞑靼斯坦帮纠日油田高矿化度地层水中发现活跃的产甲烷作用，产甲烷菌数为 500~50000 个 /L，产甲烷速率为 658×10^{-6} mL/（L·d）。随着地层水盐度增高，利用 H_2 的产甲烷菌数量减少，而以乙酸盐和甲胺作碳源的比例大大提高，抗盐可高达 27.5%，但盐度增至 29% 时，产甲烷作用停止，说明高盐度抑制了地层中的产甲烷作用，但保留了产甲烷菌的存活能力。

3）硫酸盐还原菌（SRB）

SRB 是广泛存在的一类细菌（有害菌），造成腐蚀和堵塞，并使原油变酸，它的生命力最强，耐温抗盐，分为无芽孢的脱硫弧菌属和有芽孢的斑脱硫弧菌属两种，油田常见的为脱硫弧菌。此菌为严格厌氧菌，生长的氧化还原电位上限为 0.1~0.2V，Eh 值越低，繁殖速度越快，适用温度范围为 20~60℃，pH 值 5.5~9，耐盐至饱和盐水。H_2S 可降低 SRB 的生长速度，降低溶解铁的浓度也可降低 SRB 的生长速度。降低硫酸盐浓度可限制 SRB 生长，因此选择内源微生物采油区块时，要求 SO_4^{2-} 低于 30mg/L，最好为 10mg/L 以下。大港孔店油田 SO_4^{2-} 含量极低，SRB 数量很少，但硫酸盐还原速率很高，说明 SRB 活性很高。

4）硫细菌（Sulfur Bacterium）

硫细菌包括能氧化单质硫、硫代硫酸盐、亚硫酸盐和若干连多硫酸盐产生强酸的微生物。

$$Na_2S_2O_3 + 2O_2 + H_2O \longrightarrow Na_2SO_4 + H_2SO_4$$

$$2FeS + 7O_2 + 2H_2O \longrightarrow 2FeSO_4 + 2H_2SO_4$$

这类菌绝大多数是严格自养菌，从 CO_2 中获得碳，个别菌兼性自养，除脱氮硫杆菌厌氧生长外，其他都是严格好氧菌，最适温度为 28~30℃。

硫细菌分为丝状硫细菌、光合硫细菌和无色硫细菌，其中无色硫细菌无光合色素，能氧化还原态的硫并从中获得能量。无色硫细菌生长在 pH 值 1~10，温度 4~95℃，溶解氧高至饱和、低至完全厌氧环境下，其中的硫杆菌属（Thiobaillus）氧化硫化物的可能途径为：

三、内源微生物的激活

1. 油层中内源微生物区系调查研究

为激活内源菌，首先需进行油层中内源微生物区系的详细调查。微生物在油田中的存在和分布依赖于油田的构造特征、水交替程度和水化特点。查明油田中微生物的分布不仅有助于解释油田中存在的一些现象，而且在于探索控制微生物的活动以利于提高原油采收率。油层中微生物种类繁多，如腐生菌、烃氧化菌，在厌氧条件下分解石蜡和脂肪的细菌，在厌氧条件下分解石油形成气态产物的细菌，在厌氧条件下破坏石油中含氮化合物的细菌，硫酸盐还原菌等。其中，主要分析鉴定硫酸盐还原菌（SRB）、烃氧化菌、产甲烷菌等。油层内源菌的活性及分布情况随油层条件的变化而异，也随水的渗滤速度而异。在石油沉积自身范围内在经过多年抽汲和注水采油后，细菌的数目和种类明显提高。此外，开放性石油沉积中的内源菌的活性较封闭性沉积的细菌活性高。注水开发导致 SRB 数量明显增加，并且在多数情况下，高矿化度地层中 SRB 的活性和数量较高，而其他菌类则受到抑制。

2. 油层条件下细菌的生理学研究

MEOR 取决于所选用的微生物转化某些基质的特性能力，微生物是在这些基质上进行新陈代谢的，某些代谢产物将以有利方向影响原油的运移。这些有益细菌必须能在要采油的地层条件下大量增殖，这些条件包括氧化还原电位、氢离子浓度（pH 值）、压力、温度、盐度、营养物以及是否存在阻化剂和毒化因子等。通过调节这些因素来达到有益于增油的微生物快速增殖的目的。

（1）氧化还原电位。地下岩石层中缺氧且其氧化还原电位不高，这就限制了生物体的繁殖，使生物活动时不能将电子传递给作为终端电子受体的氧。在这种条件下生长良好的一类生物体能从没有分子氧参与的那类有机分子被氧化到较高氧化态的反应中获得代谢能。含氮或含硫化合物可作为另外一类终端电子受体。因此，需通入空气以便使烃氧化菌快速繁殖。

（2）pH 值。细菌繁殖的最佳 pH 值范围是在 7 附近的狭窄范围内，油层中 pH 值一般在 7 左右。

（3）盐度。一般细菌只能在低盐环境中繁殖，盐浓度超过 0.5%，就可对油层中繁殖的细菌造成不利影响。个别盐类可能使微生物繁殖受到阻碍，有些二价阳离子有毒化作用。

（4）温度。在 MEOR 应用中，要求细胞快速地繁殖和合成一些代谢产物，因此一般最佳繁殖温度的上限不超过 55℃。此外，要区别残存的和增殖的细菌，有些细菌在 100℃ 还能残存下来，但其生命过程已处于衰退状态。

（5）压力。高压往往改变细胞的形态，高压产生的影响可被较差的生长条件和高浓度毒性元素加大。静水压力对不同菌种所产生的影响相差极大，在油层中广泛存在的脱硫弧菌（SRB 的一种）是最能耐压的。此外，应将细胞在高压下的形态变化看作 MEOR 设计的一个重要因素，因为细菌形态对其在油层中的运移有很大影响。

（6）营养物。选用的营养物必须是生物体能在其上成功地繁殖，其代谢产物对原油的运移有利，而且价格便宜。

使以原油为唯一碳源的细菌快速增殖，一般只需加入廉价的空气、氮源和磷源。

3. 内源微生物的选择性激活

在详细调查油层中微生物区系和油层条件下细菌的生理学研究工作基础上，通过注入空气和含氮源、磷源的矿物质及某些活性因子，选择性地激活烃氧化菌和产甲烷菌。

第四节　外源微生物提高原油采收率技术

一、外源微生物采油技术简介

外源微生物采油，即将地面培养的微生物菌种或孢子与营养物一起注入地层，菌种在油藏内繁殖，生长产生大量代谢物（如酸、低分子量溶剂、表面活性物质、气体、生物聚合物等），增加地层出油量，达到提高采收率的目的。通常包括单井周期性外源微生物采油和微生物强化水驱，前者包括微生物吞吐采油、微生物清防蜡、微生物酸化压裂等，主要是针对油井；后者包括微生物驱油、微生物选择性封堵、微生物深部调剖、微生物循环水驱以及生物工艺法采油（注生物表面活性剂和生物聚合物）等，主要在注水井上进行。

外源微生物采油由于菌种在地面培养和选育，因此经分离驯化、改良可获得性能优异的菌种。在菌液注入油藏之前，需进行以下工作：（1）菌种最佳营养物的设计；（2）菌种对试验油藏原油及其他碳源的代谢活性研究；（3）菌种与油藏流体矿物及油藏条件（温度、压力、矿化度）的适应性研究；（4）菌种在油藏多孔介质中的运移研究；（5）菌种在油藏环境中遗传稳定性问题及保持油藏条件下微生物活性的研究。

关于微生物采油菌种筛选、性能评价以及与油藏环境条件适应性的研究报道很多，技术也较成熟。但是，关于微生物采油菌种在油藏条件下活性保持和遗传稳定性问题则是 MEOR 技术的关键所在。随着分子生物学和生物技术的发展，人们采用基因工程技术来构建石油降解工程菌，已经取得一些进展。美国一位学者曾提出超级细菌构想，即将降解石油组分中不同链长的菌的基因提取出来，克隆到同一株菌上，使其能降解石油中所有的烃，如能成功，则在 MEOR 技术中会大显身手。由于油藏条件的复杂性，比较可行的办法是如何延续菌种在油层中的生物活性，及时补充一些含氮、磷的生物活性物质，并研究菌种在油藏条件下生理特征和代谢活动的变化规律，从而进行人工调控，关于这方面的研究已取得一些进展。

二、微生物采油技术在油井处理中的应用

1. 微生物吞吐采油

从油井注入营养液、菌种及生物活性因子，关井数日或数周再开井生产，待产量大幅度下降后，再重复这样一个过程。这种工艺适合高含水井、低产井或产能枯竭井。1990—1994 年，中国科学院微生物所在吉林油田进行的试验属典型的单井刺激吞吐采油法。这种工艺在我国油田广泛应用。所用微生物菌株是从自然界存在的非致病菌和非遗传工程中得到的，它们是含有若干主要菌株的活的兼性厌氧菌混合菌株。菌株主要为杆菌，尺寸为（1~4）μm ×（0.1~0.5）μm。

菌株是活动的，并能运移到储油层的孔隙空间，其代谢过程的产物是有机酸、醇、表面活性剂、气体等，菌株降解长链的饱和烃。这种处理过程即是将生产井的近井底地带的油藏作为一个大的生物反应器，创造条件使接种的混合菌株快速增长，产生大量易于增加出油量的代谢物质。所用混合菌株可从深海水样、热温泉分离并驯化，也可从地面含油土壤、活性污泥、污水中分离，或从油田油层水中分离培养。美国曾报道有人通过基因工程方法将不同菌的优势基因克隆到同一菌株，使其可降解所有的烃，称为超级细菌，但到目前为止还未见到应用方面的报道。

通过试验研究表明，MEOR 菌株在旺盛生长期为杆状，而在老化期或恶劣条件下则变短变粗，并有抱成团的趋势；曾观察到球菌在油层中运移一段时间后，细菌慢慢长出鞭毛；SRB 则形态丑劣并有黑点。油井进行微生物处理后，通常会使油井含水率下降，产油量增加，井口压力上升，抽油机电动机负荷下降，原油黏度降低，以及累计石油采收率增加。由于原油黏度测试简单方便，因此无论是室内研究还是矿场试验，均将黏度降低作为评价 MEOR 效果的一个指标，即原油黏度作为微生物感应原油组分的一种指示器使用。

微生物单井吞吐技术用于开采重油或稠油也有许多成功的应用报道。细菌使重质原油黏度降低基于以下两点：

（1）降低重质原油的平均分子量，即细菌能把重质原油中高分子物质（如沥青烯或树脂酸）分解成低分子量的化合物，由此导致其黏度的大幅度下降。

（2）以重质原油中的烃类等为碳源的细菌，在生物化学过程中会产生生物表面活性剂，将重质原油分散或乳化成水包油乳状液，从而降低其黏度。委内瑞拉石油公司选用阿拉斯加 Microbal 公司的 Para-Bac 微生物产品对重质原油进行 MEOR 作业。这些微生物的功能为：① Para-Bac/s 能控制很宽分子量范围的石蜡；② Corroso-Bac 通过多点螯合、形成薄膜和排除固相来保护井下和地面设备不被腐蚀。所有微生物都是天然存在的，其代谢副产物与一些化学剂的优点相似而无附带的危险。它们在油水界面上移植到井眼里，黏附在多孔介质上，尤其是水润湿的储油层。微生物培养液泵入井，代谢原油可以产生生物表面活性剂、脂肪酸和石蜡溶剂，有效地加速采出液的流动。它们代谢可减少长链烷烃的比例，增大短链烃的比例，提高烃液的携带比，减缓石蜡沉积，降低原油黏度。处理作业成功的关键是针对试验原油选择合适的特殊微生物和进行合理的作业设计。处理作业因不同油井特性而定，一般分为 3 种情况：①油套循环分批处理，以减少维修作业；②连续注入微生物，用于处理苛刻条件下的油井；③挤压注入地层，以提高油井产量。一般以高于油井地层压力将微生物处理溶液挤入地层，关井 7~15 天，然后开井恢复生产，并进行效果监测和评价，施工井成功率达 75%，增产幅度 8~32m^3。

2. 微生物清防蜡

由于化学清防蜡技术受环保限制，溶剂和分散剂对环境有害，而热油清蜡会造成地层伤害并消耗燃料，因此微生物清防蜡技术具有环保可接受的特点和其他优越性将取而代之。微生物清防蜡降黏机理表现在细菌对石蜡和重质原油的代谢作用：（1）混合细菌培养物，具有把饱和蜡烃选择性地降解为不饱和烃及低分子量烃的能力；（2）微生物新陈代谢可产生脂肪酸、糖脂、类脂等多种生物表面活性物质及低分子量溶剂，它们可以和蜡晶发生作用而改变蜡晶状态，阻止结晶生长，从而表现出降低蜡、沥青、胶质等重质组分沉积的作用，进而改进井筒区域原油流动性能，使产油量增加。微生物的降黏作用对开采重油意义重大。

微生物清防蜡技术所用兼性厌氧菌具有以下特点：（1）在地面扩大培养时，无须过多考虑氧的供应对细菌生长的影响，使得生产工艺简单，技术易于被油田现场工作人员掌握；（2）细菌注入井底不会因氧供应不足而影响其生长代谢、发挥清蜡作用；（3）这些细菌可从油井水样或油污土样中分离出来，也可从深海水样中分离驯化，是天然存在并生长的，不致病，无毒，其储存、运输和处理都非常安全，在环境方面，它们与用来防治或降低表皮伤害的任何工业产品一样安全。

由于微生物清蜡降黏是通过细菌在井下的生长代谢活动来实现的，因此对井矿有些基本要求：（1）井温及地层温度低于 80℃，最好在 35~65℃ 之间；（2）一般选择抽油机井，原油含蜡量大于 3%；（3）油层水中氯化物的总量最好低于 15%；（4）地层水 pH 值大于 5；（5）含水率以大于 10%、小于 80% 为佳。微生物清防蜡施工有套管加入法和油层挤注法两种方案。套管加入法简单方便，即在抽油机正常工作的情况下，将一定量的菌液和营养物从油套环形空间泵入油井即可。油层挤注法对保证微生物地层接种效果极为有效，其工艺方法近似于油井化学解堵，要用泵车和罐车，比套管加入法复杂，且一次微生物用量大，但成功率高，增产幅度大，有效期长。微生物清防蜡技术与其他措施比较具有以下优点：（1）增加利润；（2）减少热油处理作业的频次和热需求量，降低热油处理的生产损失；（3）去掉石蜡结晶和无机垢（如硫化铁等）的沉积物，减少管线结垢趋势；（4）降低液压抽机井油压；（5）降低动力水温，人为使泵温下降；（6）提高油品质量；（7）减少计量器工作量和泵维修费用。当然，微生物清防蜡技术也有一些局限性，如细菌清蜡只局限在产水的泵抽油井，井底温度不宜太高（一般不超过98℃），细菌降解高分子量烃而使油品性质发生变化。另外，有可能促使硫酸盐还原菌（SRB）生长，造成腐蚀。

尽管如此，微生物清防蜡技术被国内外油田广泛采用，并获得明显效果，技术也较成熟。1995—1996年，辽河油田曙三区进行5口井矿场试验取得成功：（1）加入微生物使油井产量上升，平均每口井的产油量从2t/d增加到3.7t/d；（2）油井热洗周期延长，由处理前的15天延长到3个月，电动机负荷明显下降；（3）含水率从45.8%降低到34%，4个月试验期间共增油561t，新增效益50多万元。在随后的一年里扩大试验了31口井，其中29口井达到增产稳产目的，累计增油5523t。据15口井3个月不完全统计，通过微生物清防蜡共减少作业16次，减少热洗36次，减少清防蜡153次。由此可知，对结蜡严重井或黏稠原油井采用微生物清防蜡技术效果明显。

3. 微生物酸化压裂

微生物代谢石油烃或碳水化合物产生有机酸，可使碳酸盐基质溶解，从而提高所接触区域的渗透率。这种技术对碳酸盐岩油藏具有很大吸引力，因微生物酸化，能大大增加裂缝的长度，并且采用的是无腐蚀、无危害、不破坏环境的材料。厌氧产酸菌生长的特征是指数型的，它产生的酸也呈指数增长。在微生物酸化中注入的流体很少是酸性的，这与常规酸化注入酸不同。微生物酸的产生过程是逐渐加快的，而开始时是相当缓慢的。注入大量微生物产酸体系到一口井中相应有一段时间，作为酸化或压裂作业的整体部分或作为挤压部分，在没有完全反应之前就已随流体前缘被推到远离井筒的区域。这样，大多数酸在油藏深处合成，从而使作用半径相应扩大。一般将细菌接种物和营养液注入井下，代谢反应持续几小时到数天，然后返排并且重新开始生产。产出水含有细菌和其代谢产物（即有机酸的钙盐和镁盐），以及未被使用的营养液。所有这些物质对环境都是安全的，减少了污染处理问题。微生物酸化压裂的优点是增加造成侵蚀的裂缝面，同时提高了相邻区域的渗透率。裂缝面的微生物酸蚀的程度和效果取决于以下3个方面：（1）在注入压力下裂缝保持张开的时间，该时间内微生物酸得以和岩石保持接触；（2）注入流体中微生物酸产生的速率和数量；（3）油藏岩石的组分和非均质程度。相邻基岩渗透率增加的程度和效果受以下因素影响：（1）漏失到基岩中的深度；（2）细菌渗入基岩的深度；（3）漏失区域内发生代谢所产生的数量；（4）基岩的地质特征，即能增加连通孔隙的程度。

用于酸化压裂的细菌主要为发酵糖蜜的产酸菌，同时产气和醇等。其代谢产物为二氧化碳和氢气、醋酸、乳酸、丙酸、丁酸和戊酸、丙酮、乙醇、丙醇、丁醇、异丙醇等。

三、微生物采油技术在注水井的应用

1. 微生物增效水驱

微生物驱利用的是微生物溶液对油藏的作用。首先确定注采井网，然后注入微生物溶液、营养剂和生物催化剂，当该混合液在油藏中被驱替水推进时，可形成气体和微生物产物，二者均有助于原油的解脱和流动，随后这些原油可通过生产井抽汲产出。美国 RAM 生物化学剂公司曾开发出一种 MEOR 液体——wel-prep5 用于增效水驱。该产品是一种含有选定的微生物、生物表面活性剂、营养基和生物催化剂的液体制剂，是针对油藏剩余油的三次采油而开发的。制剂中厌氧利用烃类的生物，说明可在井下安置，然后通过再处理而被周期性激活，于是在地下开始并维持一个不断形成有助于采油的生物化学剂的过程。在依据提高水驱效率的 MEOR 矿场工艺中，最常用的微生物是芽孢杆菌和梭状芽孢杆菌。这两类微生物比其他种类微生物更适合在油藏条件下存活，因它们产生芽孢，是细胞在恶劣环境下生存的耐久的静止形式。梭状芽孢杆菌产生表面活性剂、气体、醇和溶剂，而某些芽孢杆菌则产生表面活性剂、酸和气体。美国从 1986 年即开展微生物增效水驱矿场试验，最初在俄克拉何马州 Nowata 县的 Delaware-ehilders 油田。所设计的微生物体系是通过发酵糖蜜产生生物表面活性剂、气体和酸来提高驱油效率，其目的是确立该法对一个处于生产中后期，正进行注水油田的可行性。试验成功后（增产 13%），1990 年又进行了微生物强化水驱油扩大试验（19 口注水井，47 口生产井），微生物只注一次，其后持续注入营养物糖蜜。试验 3 年内产油量提高了 19.6%。随后，在美国的其他油田用混合菌种和其他营养物进行了多种增效水驱试验。同时，罗马尼亚和德国等也开展了微生物驱油试验。1998 年，我国的吉林油田、长庆油田、大港油田、胜利油田、大庆油田、克拉玛依油田、青海油田、华北油田等相继开展了微生物驱油试验，均取得了良好的效果。

2. 利用微生物改善化学驱提高原油采收率

将微生物技术与 ASP 复合驱（碱—表面活性剂—聚合物）相结合为一种新的经济有效的技术，其基础是微生物能改善原油，产生酸性组分（有机酸），在油水界面上与碱混合物反应，产生表面活性物质，降低界面张力（从 0.327mN/m 降至 0.07337mN/m），它的实际效果优于单纯的 ASP 驱或微生物驱。

3. 微生物选择性封堵及调剖技术

微生物选择性封堵高渗透层能改善波及效率。目前，已认识到两种类型的微生物封堵，即有生存力的细胞的封堵和非生存的微生物封堵（细菌残体）。前者对岩石表面有黏附能力，产生生物膜附着在岩石壁上或占据孔隙空间，导致有效渗透率降低 60%~80%；后者是杆状细胞（死细胞），通过机械堵塞孔喉通道。

微生物调剖技术的关键取决于生物膜的形成，生物膜是由细胞生长过程中产生的多层薄膜，它能吸附在固体颗粒的表面，其成分为生物聚合物和生物团物质，因此这项技术不完全取决于微生物代谢产物的化学体系，并且也更容易达到预期的效果。微生物调剖技术更适用于厚油层或高渗透油层的深部处理，它克服了聚合物凝胶、石英砂水泥封堵和选择性封堵等常规做法的不足之处，亦即当油层中有窜流存在时，上述做法将失去它的作用效果。该工艺包括注入生产生物聚合物的细菌孢子和营养物质，通过在油层岩石的孔隙中注入微生物和营养物质来降低厚油层产水部位的渗透率，以及在高渗透层条带形成有弹性的生物膜。Lirong Zhong 和 Islam 研究了一种新型微生物封堵工艺，表明微生物和矿物（$CaCO_3$）封堵是对裂缝修补的一种有效方法。采用变形的细菌，如 *Bacillus.pasteurii*（巴斯德杆菌属），由细菌新陈代谢活动引起的矿物沉淀和生物体堵塞了多孔介质中的孔道，增强了裂缝中的封堵。这种细菌成因的胶结在数小时内就能产生，可用于封堵产水区的裂缝，以防止高产水。同样，该技术还可用来固结非胶结裂缝中的砂岩。

1）适用于调整油藏注水剖面的微生物特性

用于细菌调剖（MPM）技术的微生物应具备以下一些基本特性：

首先，它们在油藏环境条件下能够生长并生成生物膜，这意味着所使用的微生物应具备耐厌氧条件，适用油藏的温度和矿化度，以及同油层原油特性相匹配。因此，用于MPM 的菌种应为耐盐性的厌氧菌。一般来讲，厌氧菌分严格厌氧菌和兼性厌氧菌，前者分子氧的存在对其细胞生长有毒害作用，而后者在有氧或缺氧条件下细胞都能生长。遵照菌种在保藏或注入期间易于操作的要求，兼性厌氧菌更适合 MPM 技术。有些厌氧微生物不能直接利用碳氢化合物作为碳源和能源，这就需要提供细胞生长所需的碳源、氮源和磷源等营养物质。

其次，微生物所承受的温度范围应同油层温度保持一致，嗜温菌通常最适宜的温度范围为 20~55℃，这要比嗜冷性微生物只生长在 20℃左右更适合。在高温环境的油层中，嗜热菌无疑是最佳的候选者。此外，由于微生物要运移到油层较深的部位，就必须具有较小的体积。而细菌的孢子则是由一些微生物细胞所产生的，体积小，对外界的恶劣环境适用性很强。孢子在休眠状态下可存活几年。当外界条件适宜时 . 孢子开始萌发，变成有生长能力的活性细胞，并不断地产生生物膜。由于孢子的体积较小，且外壁是惰性的，使得它要比活性细胞更容易在油藏岩石中运移。当它遇到营养物的刺激时，孢子会迅速萌发并生长，产生生物聚合物，促进了生物膜的形成并提高其稳定性。因此，筛选能产生大量生物聚合物的菌种正是所期望的。

再者，从安全的角度讲，筛选的菌种应是非致病菌，并且对动物和植物不产生毒害作用。

2）对细菌孢子调剖的影响因素

对细菌孢子调剖的影响因素有孢子悬浮液浓度、营养物成分和浓度、关井 / 培养时间、注入段塞大小等。此外，原油性质对微生物生长亦有影响，最终目的是降低渗透率，并提高生物膜稳定性。通过试验研究得到如下结果：

（1）对于约 1000mD 岩心的孢子输送和封堵，最佳的孢子悬浮液浓度为 10^7CFU/mL。

（2）调剖菌种需要的盐度约为 2%NaCl，能降低渗透率，同时增加生物膜的稳定性。

（3）多孔介质中，中性和碱性介质比酸性介质能更好地传输孢子，并增强封堵效果。

（4）将营养物浓度稀释 1/10 能有效抑制微生物活性，减少生物膜积累，可延伸到地层深部。

（5）较高的注入速度更有利于降低渗透率，因为增加了注入量，适于连续的注入营养物方案。

（6）合理选择营养物和注入方案，可将渗透率降低控制在有效的程度。

第三章　微生物采油机理

微生物提高原油采收率（MEOR）是目前国内外发展迅速的一项提高原油采收率的技术，与其他三次采油技术相比，微生物采油技术具有适用范围广、工艺简单、无污染等特点，微生物采油不但包括微生物在油层的生长、繁殖和代谢等生物化学过程，而且还包括微生物菌体、微生物营养液、微生物代谢产物在油层中的运移，以及与岩石、油、气、水的相互作用引起的岩石、油、水物性的改变，深入研究作用机理显得尤为重要。

第一节　采油微生物原油趋化性及其机理

经多年研究发现，地下能利用烃类物质生长的微生物，会主动向原油"发起攻势"，即接近油相，在学术上称为趋化性，这也符合微生物生存原理。解烃微生物利用烃类有3 种方式：一是主动接近并附着在大分子烃类物质上，利用细胞膜上的烷烃加氧酶改变烃类性质；二是产生表面活性剂类物质将石油烃乳化成小液滴，进而靠主动运输摄取交换；三是摄取水介质中的溶解烃。由此可见，无论是哪种方式，能主动与原油亲和的微生物必定占有生存优势。油藏中的营养物质匮乏，多数微生物以石油为唯一碳源，加上水驱动力和压力等外力因素，因此存在一定程度的趋化性。如果能提供适当的营养，便可激活这些微生物的生长动力，加速其原油趋化性，并使其在油藏中大量繁殖，产生表面活性剂、有机酸、气体等有利于采油的物质，与原油、岩石、水相互作用，刺激油藏深部的厌氧微生物（主要是硝酸盐还原菌、发酵菌和产甲烷古菌等），最终达到提高石油采收率的目的。

一、趋化性研究常用方法

研究细菌趋化性的方法主要有琼脂平板法、琼脂糖内塞法、毛细管法和制片法，这些方法都具有各自的特点：细菌涌动平板法能够在宏观条件下观察细菌的趋化性，毛细管法与琼脂糖内塞法都能够在微观条件下反映出细菌对某种诱导剂的趋化性，但是二者都受显微镜条件的限制。

1. 琼脂平板法

在含有一定浓度诱导剂（主要是碳源）的半固体平板中央加入一定量经过处理的菌液［菌在达到对数生长期后，离心获得菌体，并用运动缓冲液（25mmol/L KH_2PO_4+25mmol/L Na_2HPO_4）清洗菌体］，在适宜温度下培养，在不同时间取出观察，出现趋化圈。

琼脂平板法简单易行，能够反映出细菌的运动能力，但是在能否单纯反映细菌的趋化性方面还存在一定异议。该实验的关键在于诱导剂的浓度及加入琼脂的浓度，诱导剂浓度值过大及琼脂浓度过大都不利于细菌的趋化性运动。一般情况下，诱导剂的终浓度不应高于 1mmol/L，琼脂的浓度保持在 0.3% 左右即可，诱导剂与琼脂混匀后平铺到培养皿中，用灭菌的牙签在平板上接种，培养 24h 后观察是否形成了趋化环。图 3-1 和图 3-2 是菌株 12-J 的琼脂平板法趋化实验结果。

从图 3-2 可以看出，该菌株在以正十六烷作为诱导剂的平板上形成了一个较为明显的趋化环，证明该菌株存在对正十六烷的趋化性。而图 3-1 所示的对蔗糖的趋化环较小，可能与加入的蔗糖浓度过高有关。

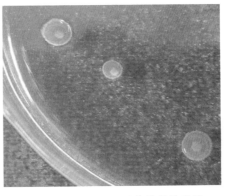

图 3-1　菌株 12-J 对蔗糖的趋化性

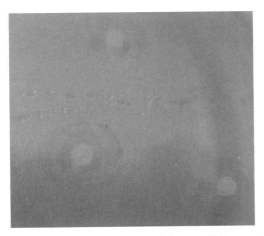
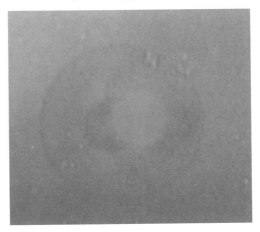

图 3-2　菌株 12-J 对正十六烷的趋化性

2. 琼脂糖内塞法

在载玻片上用橡胶条及盖玻片构建一个小室，中间滴一小滴含有诱导剂的琼脂，四周加上菌液，30min 后在相差显微镜下观察细菌的趋化性运动，确定细菌的趋化性速度。

1）采油菌株对碳源、氮源、生长因子的趋化性

实验采用的是琼脂糖内塞法，该方法普遍适用于细菌趋化性的研究。大多数细菌对强诱导剂的趋化行为具有相似性，菌株 5-016 对蔗糖的趋化性如图 3-3 所示，从图中可以隐约看到一条自上而下的弧线，该弧线实际上是琼脂糖凝胶与菌液的接触面，可以看出该菌株能够在溶解有蔗糖的琼脂糖周围形成明显的趋化带，细菌运动能力很强，大量细菌涌向琼脂糖界面，说明该菌株对蔗糖具有很强的趋化能力。

由于大部分细菌可以对多种诱导剂产生趋化性，因此，研究采油菌株对多种诱导剂的趋化性有助于对细菌趋油性的横向对比评价。实验中研究了采油菌株 6-1B 对单一碳源、氮源、生长因子、无机盐等的趋化性，实验很好地反映了该菌株对多种诱导剂的能量依赖性程度，细菌对诱导剂的趋化性是有选择的，这种选择性从易到难，细菌首先趋向能量效率最高的诱导剂并加以利用。由于大部分原油降解菌株只在以原油作为唯一碳源时才能很好地降解原油，多数情况下原油对细菌来说并不是趋向性的最佳选择，这种选择只有在某些特定环境下才适合。考察多种诱导剂对采油菌株的影响有利于油藏内外源菌株激活的研究。

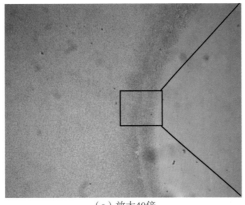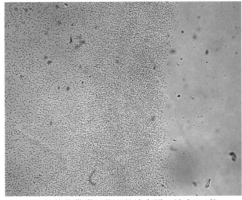

（a）放大40倍　　　　　　　　　　（b）趋化带附近位置的放大图，放大100倍

图 3-3　琼脂糖内塞法研究菌株 5-016 对蔗糖的趋化性

图 3-4 是用琼脂糖内塞法实验得到的菌株 6-1B 对不同诱导剂在 24h 时的趋化性结果，实验发现该菌株对蔗糖、蛋白胨、酵母粉等诱导剂都具有很强的趋化性。可以定义这种大部分细菌能够很容易利用并获得高能量的物质为强诱导剂，如蔗糖、葡萄糖等，定义那些只有少数细菌依靠本身特殊属性才能利用的物质或对细菌有利的低能物质为弱诱导剂，如石油烃、原油、无机盐等。实际上，趋化细菌对于糖类物质很快就能做出反应，实验之所以要长时间观察，是考虑到细菌对原油等弱诱导剂的趋化需要一个较长的过程。

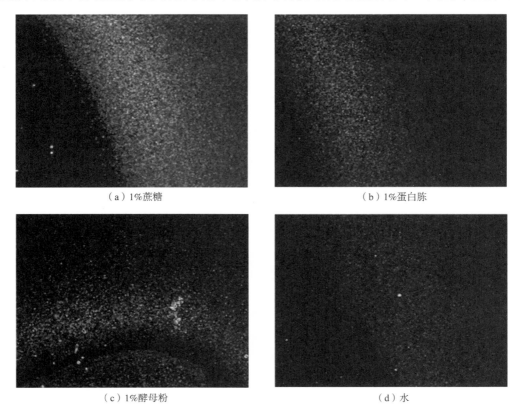

（a）1%蔗糖　　　　　　　　　　　　（b）1%蛋白胨

（c）1%酵母粉　　　　　　　　　　　　（d）水

图 3-4　采油菌株 6-1B 对不同诱导剂的趋化性

从图 3-4 可以看出，细菌能够在琼脂糖周围形成明显的趋化带，细菌在诱导剂的周围大量聚集并围绕琼脂糖一周，细菌数量由内到外的分布并不是均匀梯度，而是类似于对数变化的趋势。

2）采油菌株对原油的趋化性

采油菌株趋油性的强弱直接关系到细菌与原油的接触机会及对原油的乳化、降解，趋油性强的菌株能够更多地与原油接触，增加乳化及降解机会，而趋油性弱的采油菌株需要更长的时间才能达到与强趋油性菌株相同的油膜周围的细菌聚集浓度，不利于采油效率的提高。

图 3-5 至图 3-7 是采油菌株 5-016 在不同起始细菌浓度（简称菌浓）、不同时间下相差显微镜观察的结果，实验发现采油菌株的趋油性具有一定规律，主要趋油性结论如下：

（1）在适宜温度及缓冲条件下采油菌株对原油有趋化性，也就是说，菌株具备趋化性的前提是满足其生长条件。

（2）采油菌在不同初始菌浓下对原油的趋化性效果相似，大都能够形成围绕油水界面的细菌密集带，距离油水界面越近，菌浓越大，外围菌分布很少。

（3）显微镜观察发现，菌株 5-016 有较强的运动性，45℃左右条件下培养 10 天后菌体的运动性依然很强，说明该菌在以原油为唯一碳源的条件下能够很好地生长。

（4）40 天后观察发现，细菌仍形成围绕油滴的细菌密集带，较 10 天、20 天、30 天无明显变化，说明该菌已经在以原油为碳源的环境中达到稳定状态，细菌数目基本稳定。

（a）起始菌浓为 1×10⁵CFU/mL

（c）起始菌浓为 1×10⁶CFU/mL

（b）起始菌浓为 5×10⁵CFU/mL

图 3-5　菌株 5-016 对原油的趋化性（×100）

培养 10 天后用相差显微镜观察

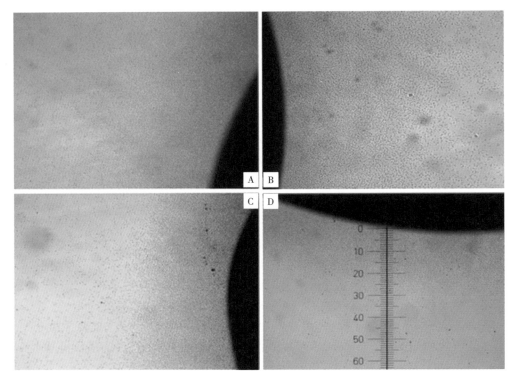

图 3-6　菌株 5-016 对原油的趋化性（×100）

A、B、C、D 表示原油的不同部位；

起始菌浓为 1×10^9CFU/mL，培养后用相差显微镜观察

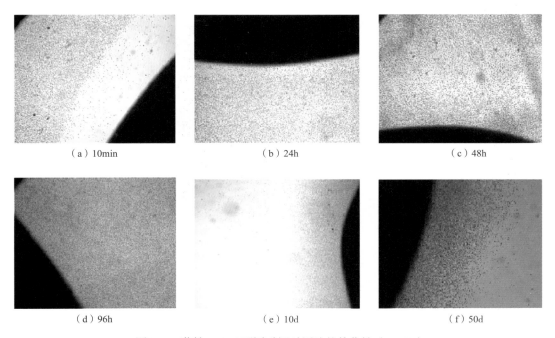

（a）10min　　　　（b）24h　　　　（c）48h

（d）96h　　　　（e）10d　　　　（f）50d

图 3-7　菌株 5-016 不同时间对原油的趋化性（×100）

起始菌浓为 1×10^9CFU/mL，培养不同时间后用相差显微镜观察

3. 毛细管法——暗视野显微镜／相差显微镜

为建立一个微观的趋化性体系，用极细的毛细管弯成 U 形，平放在载玻片上，在其上放置一块盖玻片形成一个一端开口的小室，其内充满用运动缓冲液稀释的菌体，把一根加有诱导剂的毛细管从开口端插入菌液里，30min 后观察微生物的趋向性运动。

4. 制片法——倒置显微镜微观模型

该方法是根据上述原理，利用单凹载玻片制片法，自行研究设计的一种微观可视化模型，通过对显微镜下细菌运移情况的观察，研究微生物以原油为碳源的化学趋向性运动规律。

二、细菌趋油性参数及特征

1. 趋向性系数及趋油过程中细菌的生长

1）实验方法

首次设计了一种适合于微生物原油趋向性实验分析的宏观模型，目前在国内外未见相同或相似的报道。该模型是利用 96 孔板能够反映细菌生长情况的特点而设计的。实验中把一个 96 孔酶标板的四角分别垫高，将酶标板的盖子盖在上面，这样就可以形成一个由酶标板上下层之间建立的空间，将 96 孔板的四周密封，在顶盖的两端正中央位置钻孔以便实验中向 96 孔板中加入菌液及诱导剂。图 3-8 和图 3-9 分别是该模型的模式图及实物图。

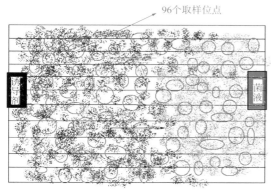
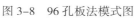
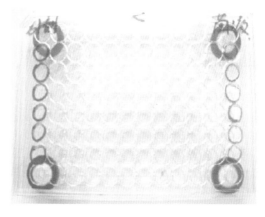

图 3-8　96 孔板法模式图　　　　　　　　图 3-9　96 孔板实物图

具体实验步骤如下：

（1）诱导剂溶解到琼脂中，将未凝固的琼脂用针管注入 96 孔板的加诱导剂一端，注满其中的两个孔；

（2）待琼脂凝固后，从加菌液的一端开始注入趋化性缓冲液直至液体覆盖 96 孔，并在其上层形成稳定的液面；

（3）用针头在 96 孔板加菌液一端注入菌液，并注满两个孔；

（4）将模型放到该菌最适温度下培养 8~24h；

（5）将上层顶盖取下，将 96 孔板放到酶标仪中测光密度（OD）值；

（6）每次试验可以获得酶标板 92 个孔的 OD 值，根据这些值作出趋势图。

2）96孔板法研究细菌趋化性主要数据模式

以大肠杆菌作为标准菌株测试该方法的有效性。大肠杆菌对蔗糖诱导剂具有良好的趋化性反应能力，通过96孔板法实验得到的菌株对蔗糖趋化性及自由扩散的分布情况见表3-1和表3-2。

表3-1　大肠杆菌自由扩散菌浓OD值（24h）

纵向孔	OD值											
	1	2	3	4	5	6	7	8	9	10	11	12
A		0.130	0.124	0.127	0.103	0.082	0.082	0.075	0.067	0.067	0.064	
B	0.203	0.194	0.181	0.137	0.109	0.078	0.119	0.076	0.062	0.062	0.073	0.085
C	0.230	0.205	0.150	0.079	0.072	0.058	0.052	0.045	0.040	0.048	0.056	0.067
D	0.515	0.198	0.163	0.092	0.076	0.067	0.060	0.050	0.046	0.046	0.050	0.070
E	1.484	0.481	0.179	0.091	0.102	0.088	0.061	0.049	0.046	0.038	0.058	0.074
F	0.949	0.284	0.111	0.082	0.070	0.056	0.052	0.045	0.049	0.051	0.066	0.087
G	0.545	0.506	0.211	0.137	0.132	0.111	0.074	0.061	0.083	0.086	0.081	0.105
H		0.657	0.235	0.195	0.161	0.149	0.123	0.118	0.104	0.115	0.118	

表3-2　大肠杆菌自由扩散对应菌数统计（24h）

菌数，CFU/mL											
	5.91×10^7	5.64×10^7	5.77×10^7	4.68×10^7	3.73×10^7	3.73×10^7	3.41×10^7	3.05×10^7	3.05×10^7	2.91×10^7	
9.23×10^7	8.82×10^7	8.23×10^7	6.23×10^7	4.95×10^7	3.55×10^7	5.41×10^7	3.45×10^7	2.82×10^7	2.82×10^7	3.32×10^7	3.86×10^7
1.05×10^8	9.32×10^7	6.82×10^7	3.59×10^7	3.27×10^7	2.64×10^7	2.36×10^7	2.05×10^7	1.82×10^7	2.18×10^7	2.55×10^7	3.05×10^7
2.34×10^8	9.00×10^7	7.41×10^7	4.18×10^7	3.45×10^7	3.05×10^7	2.73×10^7	2.27×10^7	2.09×10^7	2.09×10^7	2.27×10^7	3.18×10^7
6.75×10^8	2.19×10^8	8.14×10^7	4.14×10^7	4.64×10^7	4.00×10^7	2.77×10^7	2.23×10^7	2.09×10^7	1.73×10^7	2.64×10^7	3.36×10^7
4.31×10^8	1.29×10^8	5.05×10^7	3.73×10^7	3.18×10^7	2.55×10^7	2.36×10^7	2.05×10^7	2.23×10^7	2.32×10^7	3.00×10^7	3.95×10^7
2.48×10^8	2.30×10^8	9.59×10^7	6.23×10^7	6.00×10^7	5.05×10^7	3.36×10^7	2.77×10^7	3.77×10^7	3.91×10^7	3.68×10^7	4.77×10^7
	2.99×10^8	1.07×10^8	8.86×10^7	7.32×10^7	6.77×10^7	5.59×10^7	5.36×10^7	4.73×10^7	5.23×10^7	5.36×10^7	

图3-10显示了大肠杆菌对蔗糖的趋化性趋势和本身在无诱导剂情况下的自由扩散趋势，从中可以看出，大肠杆菌在无目的地自由扩散时，细菌分布趋势陡峭，第一个孔与末端的第12个孔菌浓高低差别很大，说明在无诱导剂存在时，菌浓梯度呈直线下降，没有上扬趋势。而在以蔗糖为诱导剂的情况下，第一个孔与末端的第12个孔菌浓高低差别不大，且在接近末端时菌浓有上扬趋势，这种趋势是细菌趋化性行为造成的。

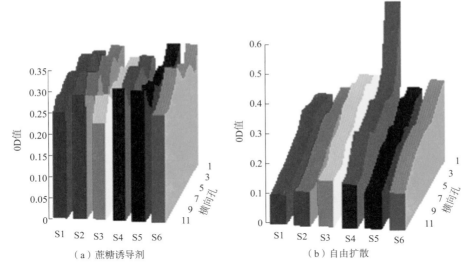

图 3-10 大肠杆菌对蔗糖的趋化性分布（24h）

96 孔板的窄边共 6 列，分别标为 S1—S6

3）菌株 6-1B 趋化性研究结果

解烃菌株 6-1B 对不同碳源诱导剂的趋化性研究，涉及菌株对原油趋化性的研究，该菌株在 96 孔板模型中的趋油性运移，是一种直观的判断细菌趋油能力的方法，但实际的油藏环境是一种多孔复杂体系，细菌的趋化性会受到很大的外界环境阻力，因此，进一步改进为一种多孔的趋化实验模型，将 96 孔板的各个孔连通起来，形成一种多孔体系，实验方法不变。

图 3-11 是利用 24h 培养的菌浓分布数据绘制的模拟图，可以看出菌株正以自由扩散和趋向运动向诱导剂方向扩散；图 3-12 至图 3-14 是根据表 3-3、表 3-4 所得实验数据作出的细菌对不同诱导剂的趋化性趋势分析图。

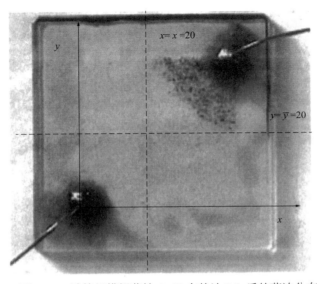

图 3-11 计算机模拟菌株 6-1B 在趋油 24h 后的菌浓分布

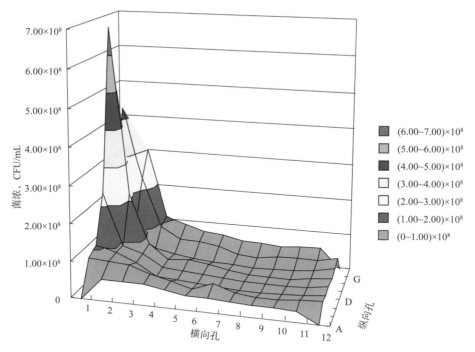

图 3-12　菌株 6-1B 自由扩散图（24h）

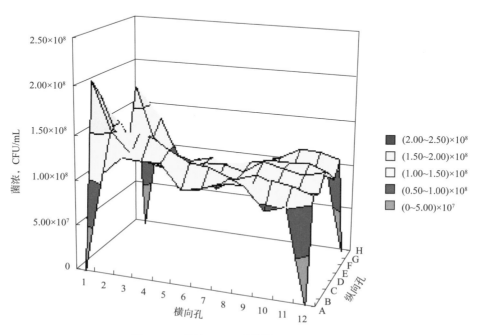

图 3-13　菌株 6-1B 对蔗糖的趋化性（24h）

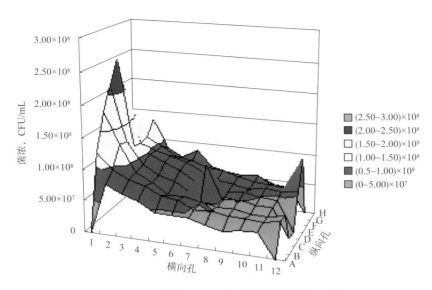

图 3-14　菌株 6-1B 对原油的趋化性（24h）

表 3-3　菌株 6-1B 对各种诱导剂趋化性数据 OD 值（24h）

项目		OD 值										
		1	2	3	4	5	6	7	8	9	10	11	12
自由扩散 S=0.20	A		0.13	0.124	0.127	0.103	0.082	0.082	0.075	0.067	0.067	0.064	
	B	0.203	0.194	0.181	0.137	0.109	0.078	0.119	0.076	0.062	0.062	0.073	0.085
	C	0.23	0.205	0.15	0.079	0.072	0.058	0.052	0.045	0.04	0.048	0.056	0.067
	D	0.515	0.198	0.163	0.092	0.076	0.067	0.06	0.05	0.046	0.046	0.05	0.07
	E	1.484	0.481	0.179	0.091	0.102	0.088	0.061	0.049	0.046	0.038	0.058	0.074
	F	0.545	0.284	0.111	0.082	0.07	0.056	0.052	0.045	0.049	0.051	0.066	0.087
	G	0.949	0.506	0.211	0.137	0.132	0.111	0.074	0.061	0.083	0.086	0.081	0.105
	H		0.657	0.235	0.195	0.161	0.149	0.123	0.118	0.104	0.115	0.118	
蔗糖诱导剂 S=0.035	A		0.211	0.243	0.242	0.241	0.2	0.208	0.222	0.222	0.183	0.195	
	B	0.365	0.275	0.239	0.276	0.255	0.236	0.233	0.218	0.203	0.223	0.219	0.207
	C	0.326	0.241	0.265	0.215	0.202	0.199	0.185	0.205	0.216	0.205	0.197	0.199
	D	0.28	0.241	0.204	0.195	0.201	0.215	0.217	0.208	0.23	0.222	0.215	0.223
	E	0.263	0.209	0.193	0.181	0.205	0.213	0.191	0.214	0.222	0.221	0.223	0.212
	F	0.204	0.202	0.172	0.172	0.198	0.164	0.18	0.181	0.203	0.212	0.2	0.188
	G	0.315	0.219	0.182	0.168	0.183	0.171	0.182	0.194	0.207	0.226	0.223	0.213
	H		0.244	0.175	0.164	0.171	0.168	0.169	0.172	0.175	0.178	0.201	
原油诱导剂 S=0.062	A		0.163	0.142	0.128	0.104	0.104	0.102	0.091	0.081	0.091	0.092	
	B	0.227	0.185	0.164	0.154	0.134	0.128	0.106	0.111	0.103	0.103	0.1	0.108
	C	0.32	0.238	0.168	0.147	0.12	0.12	0.112	0.104	0.104	0.096	0.095	0.104
	D	0.377	0.233	0.177	0.153	0.14	0.117	0.196	0.107	0.111	0.104	0.102	
	E	0.439	0.208	0.189	0.174	0.155	0.129	0.126	0.114	0.119	0.109	0.106	
	F	0.337	0.202	0.187	0.176	0.163	0.143	0.123	0.12	0.109	0.119	0.114	0.119
	G	0.228	0.206	0.186	0.161	0.155	0.139	0.138	0.124	0.115	0.113	0.109	0.194
	H		0.244	0.168	0.146	0.169	0.127	0.117	0.113	0.117	0.098	0.094	

注：S 为方差。

表 3-4　菌株 6-1B 对各种诱导剂趋化性的菌浓分布（24h）

菌浓，CFU/mL											
蔗糖诱导剂	1.12×10^8	1.31×10^8	1.30×10^8	1.30×10^8	1.05×10^8	1.10×10^8	1.18×10^8	1.18×10^8	9.45×10^7	1.02×10^8	
2.05×10^8	1.51×10^8	1.29×10^8	1.51×10^8	1.38×10^8	1.27×10^8	1.25×10^8	1.16×10^8	1.07×10^8	1.19×10^8	1.16×10^8	1.09×10^8
1.82×10^8	1.30×10^8	1.45×10^8	1.14×10^8	1.06×10^8	1.04×10^8	9.57×10^7	1.08×10^8	1.15×10^8	1.08×10^8	1.03×10^8	1.04×10^8
1.54×10^8	1.30×10^8	1.07×10^8	1.02×10^8	1.05×10^8	1.14×10^8	1.15×10^8	1.10×10^8	1.23×10^8	1.18×10^8	1.14×10^8	1.19×10^8
1.43×10^8	1.10×10^8	1.01×10^8	9.33×10^7	1.08×10^8	1.13×10^8	9.94×10^7	1.13×10^8	1.18×10^8	1.18×10^8	1.19×10^8	1.12×10^8
1.07×10^8	1.06×10^8	8.78×10^7	8.78×10^7	1.04×10^8	8.29×10^7	9.27×10^7	9.33×10^7	1.07×10^8	1.12×10^8	1.05×10^8	9.76×10^7
1.75×10^8	1.16×10^8	9.39×10^7	8.54×10^7	9.45×10^7	8.72×10^7	9.39×10^7	1.01×10^8	1.09×10^8	1.21×10^8	1.19×10^8	1.13×10^8
	1.32×10^8	8.96×10^7	8.29×10^7	8.72×10^7	8.54×10^7	8.60×10^7	8.78×10^7	8.96×10^7	9.15×10^7	1.05×10^8	
菌浓，CFU/mL											
原油诱导剂	8.23×10^7	6.95×10^7	6.10×10^7	4.63×10^7	4.63×10^7	4.51×10^7	3.84×10^7	3.23×10^7	3.84×10^7	3.90×10^7	
1.21×10^8	9.57×10^7	8.29×10^7	7.68×10^7	6.46×10^7	6.10×10^7	4.76×10^7	5.06×10^7	4.57×10^7	4.57×10^7	4.39×10^7	4.88×10^7
1.78×10^8	1.28×10^8	8.54×10^7	7.26×10^7	5.61×10^7	5.61×10^7	5.12×10^7	4.63×10^7	4.63×10^7	4.15×10^7	4.09×10^7	4.63×10^7
2.13×10^8	1.25×10^8	9.09×10^7	7.62×10^7	6.83×10^7	5.43×10^7	1.02×10^8	4.82×10^7	5.06×10^7	4.63×10^7	4.51×10^7	
2.51×10^8	1.10×10^8	9.82×10^7	8.90×10^7	7.74×10^7	6.16×10^7	5.98×10^7	5.24×10^7	5.55×10^7	4.94×10^7	4.76×10^7	
1.88×10^8	1.06×10^8	9.70×10^7	9.02×10^7	8.23×10^7	7.01×10^7	5.79×10^7	5.61×10^7	4.94×10^7	5.55×10^7	5.24×10^7	5.55×10^7
1.22×10^8	1.09×10^8	9.63×10^7	8.11×10^7	7.74×10^7	6.77×10^7	6.71×10^7	5.85×10^7	5.30×10^7	5.18×10^7	4.94×10^7	1.01×10^8
	1.32×10^8	8.54×10^7	7.20×10^7	8.60×10^7	6.04×10^7	5.43×10^7	5.18×10^7	5.43×10^7	4.27×10^7	4.02×10^7	

图 3-15　原油界面取样位点选择图

4）原油界面处细菌聚集浓度分析

实验方法：选择离原油诱导剂最近的 6 个孔，如图 3-15 所示，不同培养时间后测围绕原油的 6 个孔的细菌浓度，根据原油周围菌浓的变化来反映细菌趋油性过程。

表 3-5 显示了离原油诱导剂最近的 6 个孔的菌浓变化情况，从实验结果发现，在第 4 天时细菌在原油周围形成最大密度的细菌趋化带，在 5~10 天时原油周围的细菌密度基本稳定，这与微观观察结果基本相符。

表 3-5　原油界面取样位点菌浓变化情况

取样时间	菌浓，CFU/mL						平均菌浓，CFU/mL
	1	2	3	4	5	6	
10min	1.02×10^2	1.18×10^2	1.36×10^2	1.22×10^2	1.15×10^2	1.07×10^2	1.17×10^2
1d	5.55×10^7	5.24×10^7	4.76×10^7	4.51×10^7	4.09×10^7	4.63×10^7	4.79×10^7
2d	6.23×10^7	6.44×10^7	6.01×10^7	6.61×10^7	5.89×10^7	6.27×10^7	6.24×10^7
4d	7.85×10^7	7.99×10^7	7.76×10^7	7.65×10^7	7.05×10^7	7.73×10^7	7.65×10^7
5d	6.78×10^7	6.89×10^7	6.56×10^7	6.92×10^7	6.70×10^7	6.77×10^7	6.76×10^7
10d	6.96×10^7	6.99×10^7	6.78×10^7	6.95×10^7	6.77×10^7	6.76×10^7	6.88×10^7

注：实验的原始菌浓为 1×10^9 CFU/mL。

5）细菌趋化性系数的测定

通过 96 孔板模型进行的趋化性实验，获得了大量实验数据，若只从作图所展示出的细菌的分布趋势来判断细菌的趋化性，实验结果直观但无法用数值来评价细菌对某一诱导剂的趋化能力。实验发现，可以通过对某一培养时间 96 孔板中所得的 92 个值进行标准方差分析，标准方差（S）值越小，说明 96 孔板中的细菌分布变化趋势越小，即能量趋势比较均匀；而 S 值越大，表明 96 孔板中细菌分布落差越大，即能量趋势变化很大。用标准方差来评价细菌对某一诱导剂存在时所提供的能量供给趋势的要求，这种诱导剂对满足细菌能量趋势的要求越是符合，细菌分布趋势越是平均，标准方差越小，趋向性越强；反之，如果诱导剂不能很好地满足细菌的要求，标准方差就会较大，趋向性就越弱。这符合细菌具有能量趋化的理论，因此可以用实验所得数值的标准方差来反映细菌对某一诱导剂的趋化能力，也可以比较不同细菌对同一诱导剂趋化性的强弱。

一般一种细菌对某种诱导剂的趋化性系数 $S_m=|S-S_0|$，其中 S_m 代表趋化性系数，S 代表某一诱导剂下的方差值，S_0 代表细菌自由扩散的方差值。因此趋化性系数（S_m）不仅能够反映细菌对不同诱导剂的依赖程度，也可以比较不同细菌对同一诱导剂的趋化能力。图 3-16 是细菌 6-1B 对不同诱导剂的趋化性菌浓方差分析柱状图，可以看出，菌株 6-1B 对蔗糖诱导剂的趋化性系数 $S_m=|0.208-0.068|=0.14$，对原油诱导剂的趋化性系数 $S_m=|0.208-0.034|=0.174$。

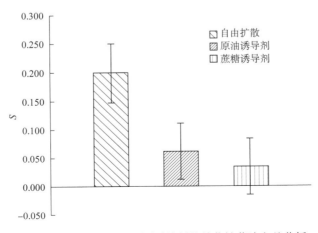

图 3-16　菌株 6-1B 对不同诱导剂的趋化性菌浓方差分析

2. 油藏条件对趋化性的影响

1）氧对趋化性的影响

（1）采油菌株趋氧性。

实验主要研究了采油菌株的趋氧性行为，以好氧菌株 6-1B 和兼性厌氧菌株 12-J 为研究对象，通过微观视频采集系统，得到了大量具有代表性的趋氧性视频。实验的目的在于研究氧气条件对采油菌株趋油性的影响，即氧气条件对好氧和兼性厌氧采油菌株趋油性及提高原油采收率的影响。

研究氧气条件对趋油性的影响，模型中氧气条件的形成很重要。制作方法的关键在于盖玻片的覆盖方法及其加入菌液的量，加入菌液在 80μL 以下时很容易在内塞小室中形成小气泡，在以原油为诱导剂时，慢慢放下盖玻片容易在油滴的正上方形成油与气泡的叠加，也可以在油滴旁边形成小气泡，便于趋氧性与趋油性关系的研究。

细菌的趋氧现象是很普遍的。实验中不仅研究了氧气条件对好氧采油菌株 6-1B 趋油性的影响，还研究了其对兼性厌氧采油菌株 12-J 趋油性的影响。

菌株 12-J 是基内苍白杆菌属菌株，运动能力较铜绿假单胞菌株 6-1B 差，该菌株能够在兼性厌氧条件下利用液蜡及蔗糖发酵产糖脂类表面活性物质。由于油藏中氧气条件不足，兼性厌氧菌采油菌株更适合于三次采油，对兼性厌氧菌株 12-J 趋氧性的研究，是为了研究氧存在条件对外源采油菌在油藏复杂氧条件下趋油性的影响，为后续激活条件的研究打下基础。

（2）氧气条件对趋油性的影响。

为了研究趋氧性与趋油性的关系，在趋油性观察模型中融入了气泡，使得气泡刚好能够与原油界面连接，观察不同时间采油菌株对原油的趋化效果，反映了细菌趋氧性与趋油性的交叉作用，如图 3-17 所示。图 3-17（a）中，油滴与气泡是重叠的，在 10min 时细菌的运动剧烈，速度为 60μm/s 左右，是菌株趋油性及趋氧性的叠加。图 3-17（b）至图 3-17（d）分别显示了不同时间菌株 6-1B 在油气交界处的分布情况：从图 3-17（b）可以看出，在 24h 时细菌在原油界面和气泡界面处大量分布；从图 3-17（c）可以看出，在培养 48h 后大部分细菌趋向于原油界面，但细菌总体数量下降；从图 3-17（d）可以发现，在培养 96h 后，大部分细菌分布在原油界面，从视频中发现此时大部分细菌基本上是原地打转，只有少数菌还保持着较强的运动能力。

从上述实验可以得出以下结论：

（1）短时间内好氧采油菌对氧的趋向性明显要强于细菌的趋油性。

（2）趋氧性更容易改变细菌的群体运动趋势。

（3）让油膜表面富氧，有利于好氧性采油菌株在油水界面聚集，增加油膜周围采油菌密度，利于原油采收率的提高。

（4）对于外源好氧采油菌株，在注入油藏后，首先趋向的是氧，短时间内趋氧性有利于好氧采油菌株的生长繁殖，细菌具有更强的运动能力，在细菌运动能力增强的同时增加了与原油的接触机会，有利于细菌趋油并利用原油。

（5）趋氧性对趋油性的贡献在于引导好氧解烃菌向富氧原油界面的聚集。

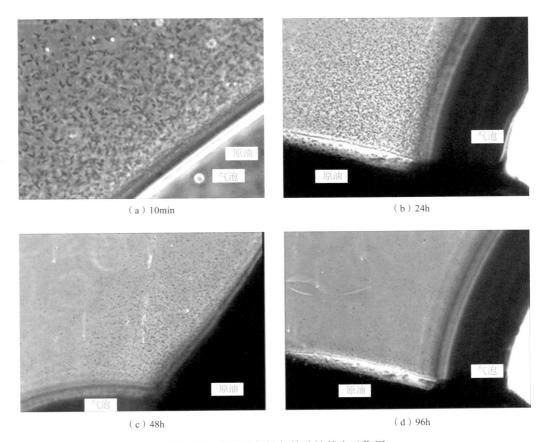

（a）10min   （b）24h

（c）48h   （d）96h

图 3-17　细菌趋氧性与趋油性的交叉作用

2）温度、pH 值和矿化度对采油菌趋化性的影响

（1）温度和 pH 值对采油菌趋油性的影响。

实验筛选的采油菌株均是中温解烃及产表面活性剂菌株，在 37~45℃能够很好生长，温度对菌株的影响主要在于细菌数量及表面活性剂产量的变化，对趋油性的影响在于细菌运动速度的变化。

pH 值也在很大程度上影响了细菌的趋油性行为，由于大庆油田该区块的水样 pH 值呈弱碱性，实验研究了采油菌株在弱碱性条件下的趋油性变化情况。实验结果（表 3-6）表明，两种菌在 pH 值为 7 时趋化速率最高，随着 pH 值增大，趋化速率逐渐减小；随着温度的增高，菌株的趋化速率增大，尽管菌株在 60℃不能生长，但是 24h 内菌株趋化性还是大于最适生长温度 45℃，推测原因可能为其在高温下自由扩散速度加大。

表 3-6　温度和 pH 值对趋化速率的影响（24h）

pH 值	趋化速率，μm/s					
	12-J	6-1B	12-J	6-1B	12-J	6-1B
7.0	2~5	5~8	5~10	8~10	5~10	8~15
8.0	2~5	5~8	5~10	8~10	5~8	8~10
9.0	原地打转	1~2	1~2	3~5	原地打转	1~2

（2）矿化度对采油菌株趋油性的影响。

大庆油田某区块矿化度在 5150mg/L 左右，矿化度较高，水体中无机盐以 $NaHCO_3$ 为主。实验中使用的培养基（缓冲液）盐含量分别为 0、1000mg/L、3300mg/L、5150mg/L 和 6000mg/L（无机盐培养基），pH 值为 7.0~7.2。在几种盐浓度下，采油菌均能很好地生长、乳化或降解原油。

由表 3-7 可见，矿化度对采油菌的趋油性影响不明显，矿化度为 3300~6000mg/L 时，采油菌的运动速度并没有明显变化，说明矿化度并不会对细菌的趋油性产生明显的影响；但是当矿化度低于 1000mg/L 或用蒸馏水做培养基时，趋化速率反而大大降低，表明细菌趋油性需要一定量的盐离子缓冲，以满足细胞生理代谢活性的要求。

表 3-7　矿化度对趋化速率的影响

菌株	趋化速率，μm/s				
	0	1000mg/L	3300mg/L	5150mg/L	6000mg/L
12-J	1~2	1~5	5~10	5~10	5~10
6-1B	1~5	5~8	5~10	8~10	8~10

三、采油菌趋油性的生物学机理

1. 微生物趋化性分类解析

1）微生物趋化性与黏附作用分析

一般情况下，趋化性分为能量依赖性趋化和非能量依赖性趋化，大多数趋化性属于能量趋化的范畴，非能量依赖性趋化实际上是受体依赖的趋化，只要细菌表面有该诱导剂的受体及信号转导分子，细菌就可以趋化，但是这种诱导剂不能直接为细菌提供能量来源，受体存在的价值是帮助细菌趋向最佳适应性环境。

目前的研究认为，细菌摄取石油烃分为 3 种方式：一是主动接触摄取比菌体大得多的烃分子；二是靠菌体表面疏水性黏附在石油烃分子 / 水界面；三是靠自身分泌的生物表面活性物质，将石油烃乳化分散成小液滴供细菌摄取利用。无论是哪种机理，从宏观上看，细菌必须大量聚集在石油烃附近，以增加摄取底物的概率，宏观上表现为细菌对原油的趋向性。对于趋油性机理解析，则必须将其分开阐述：

细菌的黏附作用依靠的是细菌细胞外表疏水性物质及其他细胞表面组分等物理属性，鞭毛在细菌的黏附作用中也是必不可少的，细菌本身的疏水性并不能够促进细菌自身的主动迁移，但是有利于细菌在疏水性物质表面的黏附聚集，这种聚集有利于细菌协同利用疏水性营养物质并繁殖。以细菌对原油的黏附为例，解烃菌株菌体与油膜的广泛接触增加了细菌对原油中可利用物质的利用率，原油本身得到降解。

与之相比，趋化性是一个主动的过程，是长期进化的结果。细菌能够对多种营养物质产生趋化，究其本质在于细菌本身存在一套复杂的趋化性机制，目前公认的趋化性机制是鞭毛驱动机制。该理论认为细菌的趋化性依赖鞭毛的存在，通过改变鞭毛的旋转方式来调整运动路线，最终达到向营养物质位移的目的。

实验发现，细菌的趋化性可以在短时间内形成细菌对诱导剂的密集分布带，而细菌的黏附作用短时间内不容易形成明显的细菌密集带。原因在于，黏附作用依赖的是细菌与疏水界面间的疏水相互作用力，而这个界面只能容纳一小部分细菌与其疏水性连接，这部分与疏水界面连接的细菌能够更好地生长繁殖，增加了细菌对疏水物质的利用率。因此，对于一株细胞表面疏水性较强的采油菌株，细菌对原油的趋化性和黏附作用的最终目的都是帮助细菌更好的接近并利用营养物质，二者是协同的作用，趋化和黏附都是细菌本身的属性。

从图3-18来看，该菌株对原油表面具有黏附作用，但是没有看到明显的细菌浓度梯度。这表明：

（1）细菌对原油的趋化性和黏附作用的最终目的都是帮助细菌更好地接近并利用营养物质，二者是协同的作用。

（2）细菌的趋化性可以在短时间内形成细菌对诱导剂的密集分布带，而细菌的黏附作用短时间内不容易形成明显的细菌密集带。

（3）细菌本身的疏水性并不能够促进细菌自身的主动迁移，但是有利于细菌在疏水性物质表面的黏附聚集，这种聚集有利于细菌协同利用营养物质并繁殖。

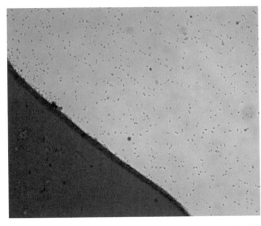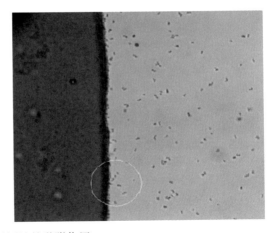

图3-18　细菌对原油的黏附作用

2）菌体表面疏水性（Cell Surface Hydrophobicity，CSH）分析

（1）接触角的测量。

方法：将待测菌振荡培养至对数期，8000r/min离心10min，收集菌体，用无菌水洗涤两次后，重悬于蒸馏水中，悬液用硝酸纤维素膜（0.45μm）过滤，至膜上菌体浓度大于10^8个/mm^2时小心地将滤膜从滤器上取下，平铺在无菌琼脂平板上，室温放置2h润湿均匀，取出后在普通滤纸上至少在25℃干燥60min以上，以获得相对稳定的接触角。干燥后，把滤膜放到接触角测量仪上测量其与蒸馏水滴的接触角，每张滤膜至少取不同位置的6个点来测量，其平均值为接触角θ（$n=6$）。

实验结果：一般情况下，若细菌与水的接触角θ大于90°，表明细菌疏水；若小于90°，则可以说明该菌亲水。典型的革兰氏阴性菌大肠杆菌与典型的革兰氏阳性菌金黄色葡萄球菌对水的接触角小，基本在22°左右；而生物表面活性剂产生菌1507和红平红球菌PR-1与水的接触角则较高，都在90°之上，表明菌株具有较强的疏水性；另一株产表面活性剂菌株 12–J 与水的接触角则较低，只有 23°，表明菌株疏水性较差。结果如图 3–19 所示。

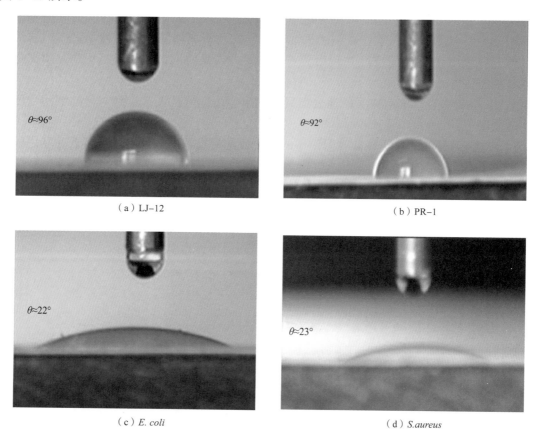

（a）LJ–12   （b）PR–1

（c）E. coli   （d）S.aureus

图 3–19　LJ–12 和 PR–1 的细胞表面接触角

（2）细菌对烃的黏附实验。

方法：待测菌振荡培养至对数期后，离心收集菌体，用 PUM 缓冲液洗涤细胞两次后悬于该缓冲液中。以 PUM 缓冲液为空白，在 400nm 波长光下将菌悬液浓度调至一定数值，本书所有对烃黏附测定实验的初始 400nm OD 值均为 0.200 ± 0.010。从已调好菌体浓度的菌悬液中取 1.0~1.5mL 至离心管中，加入 0.20mL 的各种烃（对二甲苯、正十六烷、正十二烷、环己烷）于 25℃下温育 5min，剧烈振荡 60s，室温静置分层 15min，用移液器从下层水相中快速取 0.8mL 水溶液到另一只 1.5mL 离心管，以 PUM 缓冲液为空白，测其 400nm 下的 OD 值，平行测定三次取平均值（$n=3$）。细菌的疏水性用 CSH% 来表示，CSH%=（$A_{Bi}-A_{Bt}$）$/A_{Bi}\times100\%$，其中 A_{Bi} 为初始菌液的吸光度值，A_{Bt} 为终末的吸光度值。

实验结果：一般情况下，如果细菌的 CSH% 大于 70%，则该菌细胞表面高疏水性，如果 CSH% 小于 30%，则说明该菌细胞表面具有高度亲水性。由图 3–20 可以看出，菌株 1507 和 PR–1 对各种烃类黏附性很强，其中 PR–1 对 4 种烃类的黏附性 CSH% 都高于 70%，最高可达 90%。细菌对烃的黏附性越强，说明其表面疏水性越强。对照大肠杆菌对 4 种烃类的黏附性 CSH% 都小于 30%，表明大肠杆菌是高亲水性的；而菌株 1507 和 PR–1 是强疏水性的。

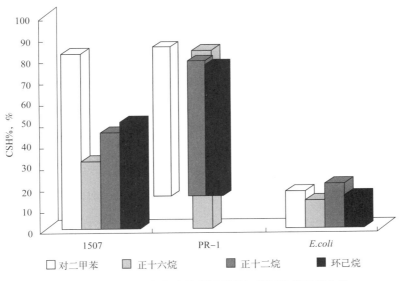

图 3-20　由 4 种烃类化合物所测得的细菌细胞表面疏水性

（3）盐聚集实验。

实验方法：用磷酸钠溶液（0.002mol/L，pH 值 6.8）稀释 4.0mol/L 硫酸铵溶液（pH 值 6.8）成不同终浓度的溶液，以 0.2mol/L 的梯度将硫酸铵在溶液中的终浓度由 4.0mol/L 逐次降低到 0.2mol/L。将待测菌培养至对数期，离心收集菌体，用 0.002mol/L 磷酸钠溶液洗涤细胞两次后，悬于磷酸钠溶液（0.002mol/L，pH 值 6.8）中，使菌浓大约为 10^{10}CFU/mL。首先取几滴 10μL 菌悬液滴在同一张载玻片上，分别与等体积的终浓度 3.2mol/L、1.8mol/L、0.2mol/L 硫酸铵溶液相混合，25℃下将细菌 / 盐混合液轻轻摇动 2min，把玻片放在黑色背景上，观察细菌在某个浓度开始发生聚集后，然后用浓度更低的硫酸铵溶液最终确定细菌开始聚集所需的硫酸铵浓度。细菌聚集的最低硫酸铵浓度表示为细胞疏水性大小。

实验结果：经硫酸铵处理后的细菌染色后，水洗过程中硫酸铵溶解带走大量散落分布的菌体，而聚集成团的菌体则不易被硫酸铵带走，仍然保留在载玻片上。细菌聚集所需的硫酸铵浓度越低，表示细胞疏水性越强。实验表明，菌株 1507 和 PR-1 发生聚集所需的硫酸铵浓度均为 0.2mol/L，大肠杆菌发生聚集所需的硫酸铵浓度高达 4.0mol/L，说明这两种菌的疏水性很强。图 3-21 是大肠杆菌与菌株 PR-1 盐聚集的显微照片。

（4）细菌在水 / 烃两相系统的分配。

实验方法：将待测菌振荡培养至对数期，取 40mL 发酵液加入两滴结晶紫，剧烈振荡 30s，静置 1min，8000r/min 离心 10min 收集菌体，无菌水洗涤细胞 5~6 次，直至上清液无明显紫色，将细菌悬于无菌水中。取 5mL 菌悬液加入试管中，再加入 1mL 十六烷，振荡 120s，静置分层，观察菌体在水相和有机相的分布情况。

实验结果：细菌细胞经结晶紫染色后，与十六烷混合振荡，静置分层，有机相颜色越深说明菌株对十六烷的吸附能力越强，证明菌株的疏水性越强。由图 3-22 可以看出，大肠杆菌没有被黏附到有机相，有机相呈无色，而 PR-1 和 1507 对十六烷都有一定黏附，有机相颜色加深，PR-1 试管中可清楚地看到十六烷变成深紫色，即可说明 PR-1 的疏水性很强。

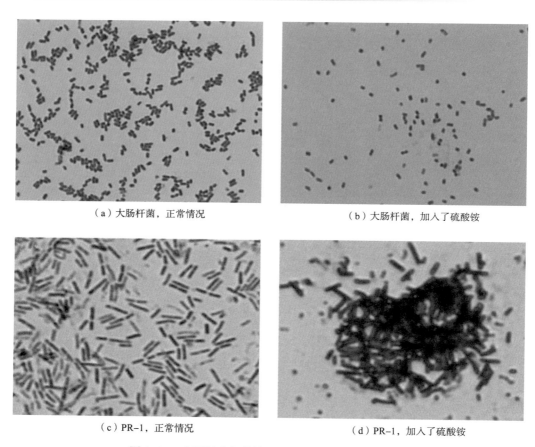

（a）大肠杆菌，正常情况 　　　　　　　　　（b）大肠杆菌，加入了硫酸铵

（c）PR–1，正常情况 　　　　　　　　　（d）PR–1，加入了硫酸铵

图 3–21　大肠杆菌与菌株 PR–1 盐聚集检测显微照片

　　大肠杆菌　　　　　　　　PR–1　　　　　　　　1507

图 3–22　结晶紫染色的细菌在水 / 烃两相系统中的分配

细胞表面疏水性因菌种而异，不同菌株会因其表面结构的差异导致表面疏水性不同。通过接触角、盐聚集和BATH 3种方法检测了PR-1和1507的细胞表面疏水性，结果表明，与亲水的大肠杆菌相比，表面活性剂产生菌PR-1和1507具有显著的疏水性，从整体趋势看，PR-1比1507的疏水性更强（表3-8）。因此，这两种细菌的趋化作用均是靠自身表面的疏水性黏附在石油烃表面。

表3-8 不同测定方法得到的细菌细胞表面疏水性数据比较

菌株	接触角（°）	盐聚集	CSH%，%			
			环己烷	正辛烷	正十六烷	2-甲基萘
PR-1	92.3 ± 2.1	0.2	72	74	84	83
1507	90.1 ± 1.3	0.2	51	46	32	83
E. coli	22.35 ± 1.75	>4.0	16	17	14	22

3）细菌表面物质对采油菌趋油性的影响

枝菌酸是一种在革兰氏阳性菌细胞壁肽聚糖上连接的分子，在二位碳原子（$\alpha-$）上含有两个不饱和双键的长烷基侧链，三位碳原子上有一个羟基的高分子脂肪酸，写成结构式为（CH_2）$_m$（CH）$_n$CHOHCHCOOH，m代表双键数，n代表脂肪酸长度；由于枝菌酸的长疏水性碳链，因而会使菌体细胞呈现为一定的疏水性。红球菌PR-1枝菌酸碳原子数为34~52（表3-9），相对含量（占整个抽提物体系）为46%。

表3-9 主要带有枝菌酸的菌属

菌属名称	中文名	碳数范围
Rhodococcus	红球菌属	34~52
Gordonia	戈登氏菌属	48~66
Dietzia	迪茨氏菌属	34~38
Nocardia	诺卡氏菌属	44~60
Mycobacterium	分枝杆菌属	60~90
Corynebacterium	棒状杆菌属	22~38
Tsukamurella	冢村氏菌属	64~78

红球菌PR-1菌体表面有很强的疏水性，其对烃的黏附率为84%，碳数范围为27~54的枝菌酸类物质是保持菌体细胞完整性和疏水性的关键，红球菌本身不运动，菌体表面被大量的枝菌酸覆盖，约占抽提物总量的46%。红球菌与原油的接触主要依靠外力的作用，细菌表面疏水性物质枝菌酸与原油的黏附能力很强，使红球菌近距离地接触乳化、降解原油。图3-23是红球菌PR-1枝菌酸甲酯的气相色谱—质谱联用分析结果。

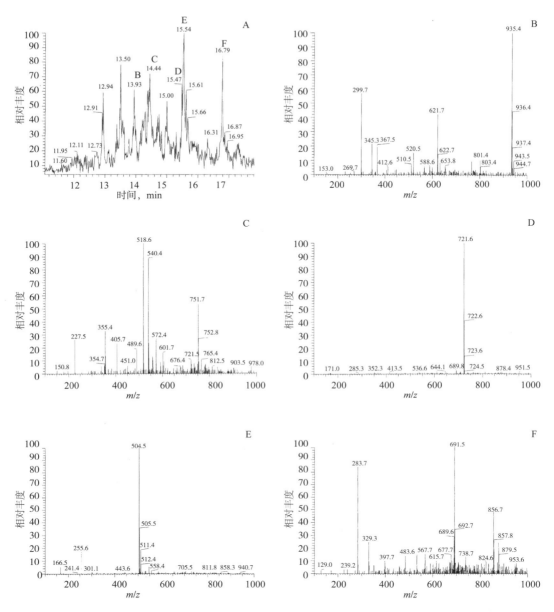

图 3-23　红球菌 PR-1 枝菌酸甲酯的气相色谱—质谱联用分析

A—空白样品；B—890 号菌；C—922 号菌

D—957 号菌；E—991 号菌；F—1070 号菌

图 3-24 是细胞表面枝菌酸与细胞壁结构连接示意图，枝菌酸是利用一头的羧基连接到（铆接在）跨膜糖蛋白上，形成一层特异的疏水性外被。

（1）不同培养时期趋油性与细胞表面特征变化。

将红球菌 PR-1 在 LB 培养基中培养 6h、12h、24h、36h 和 48h，分别取出发酵液离心得到菌体细胞，用无菌水清洗一次，平分两份，一份用 96 孔板计算趋化性系数，另一份用气相色谱法检测枝菌酸种类和含量，结果见表 3-10。

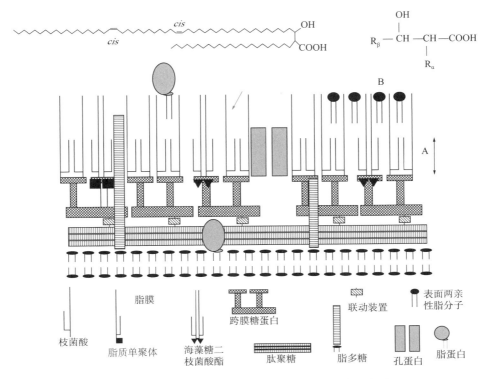

图 3-24　细胞表面枝菌酸与细胞壁结构连接示意图

A—连接方向箭头；B—表面亲水部分

表 3-10　PR-1 菌株不同培养时间细胞表面生物学变化

培养时间，h	趋油速率，μm/s	趋向性系数 S_m	疏水性 CSH%，%	枝菌酸种类	枝菌酸含量，%
6	5~10	0.055	75	C_{21}—C_{34}	23
12	5~10	0.043	82	C_{29}—C_{47}	29
24	8~30	0.047	79	C_{27}—C_{48}	38
36（对数期）	10~45	0.031	82	C_{26}—C_{55}	45
48（稳定期）	10~50	0.034	84	C_{27}—C_{54}	46
去除枝菌酸	1~5	0.28	16	—	—

　　由表 3-10 可以看出，菌体在生长初期细胞表面枝菌酸含量少，未形成成熟的长链；进入稳定期后，细胞表面疏水性最大，趋油速率也最大，枝菌酸含量最高，表明在不同生长时期细胞表面疏水性不同，疏水性越强，越易发生趋化。

　　（2）细胞表面特征对趋油性的影响。

　　在趋油性实验前先用正己烷洗涤菌体表面，再测试其趋油速率和趋向性系数（表 3-10 最后一行），发现缺少了细胞表面重要的疏水性枝菌酸类物质，细菌的趋油速率减小，趋向性系数增大，表明其趋油能力减弱，证明这类菌的趋化作用与细胞表面疏水性相关。

2.趋油机理的分子生物学探索

1）荧光蛋白标记技术

（1）表达载体的构建。

为对解烃菌株6-1B（铜绿假单胞菌）及荧光假单胞菌进行绿色及红色荧光蛋白标记，以便更清晰地用显微镜观察。选择两个能够在铜绿假单胞菌及大肠杆菌中穿梭表达的载体pUCP-19和pND-18，以及能够在荧光假单胞菌中表达的载体pCom-8（图3-25），实验中还用到了pUCP-19、pET-28a等能在大肠杆菌中表达的载体。

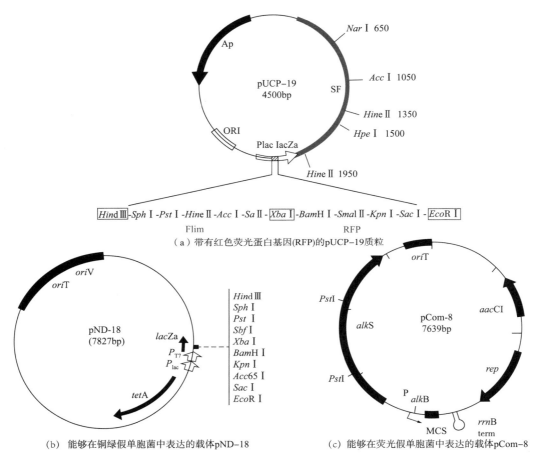

$Hind$Ⅲ-SphⅠ-PstⅠ-$Hine$Ⅱ-AccⅠ-SaⅡ-XbaⅠ-BamHⅠ-SmaⅡ-KpnⅠ-SacⅠ-$EcoR$Ⅰ

Flim   RFP

（a）带有红色荧光蛋白基因(RFP)的pUCP-19质粒

（b）能够在铜绿假单胞菌中表达的载体pND-18   （c）能够在荧光假单胞菌中表达的载体pCom-8

图3-25 实验中用到的几种质粒示意图

（2）绿色荧光蛋白标记。

实验中得到了多株带有增强型荧光蛋白的大肠杆菌，并标记了一株带有红色荧光蛋白的荧光假单胞解烃菌株。荧光蛋白在大肠杆菌中的表达操作简单易行，但是表达需要IPTG（半乳糖苷，活性诱导物质）的诱导且荧光容易淬灭，发光时间短，因此荧光标记菌体存在很大弊端。

（3）红色荧光蛋白在荧光假单胞菌株中的表达。

在研究某一特定采油菌株（内源或外源）MEOR机理时，往往需要一种容易分辨出该菌株的特点，比如用生物荧光标记或物理方法标记的菌株，通过标记使得在复杂条件下特定菌株的作用研究更加具有说服性。

实验中对一株具有解烃能力的荧光假单胞菌株进行了红色荧光标记，标记后该菌株在荧光显微镜下能够发射红色荧光，但是荧光稳定性较低且容易淬灭，标记后的解烃菌在缺少抗性压力时，质粒容易丢失，因此只能用于室内研究使用，不适合于油田现场试验，这也是荧光蛋白标记法存在的不足之处。

2）解烃基因对趋油性的影响

国内对烷烃好氧降解途径（单末端氧化途径）中的关键酶基因——烷烃单加氧酶基因 *alk*B 的研究较少，国内外在解烃菌烃降解基因——烷烃单加氧酶基因 *alk*B 与趋油性的关系上还没有研究报道。对烷烃单加氧酶基因与趋油性关系的研究，目的在于寻找解烃基因与趋化性基因的关联性。

单加氧酶属于跨膜蛋白，*alk*B1 和 *alk*B2 有 6 个跨膜区，而介导细菌趋油性的趋化性蛋白受体也是膜表面蛋白，单加氧酶跨膜蛋白 *alk*B1 和 *alk*B2 是否具有双重功能？抑或说跨膜蛋白 *alk*B1 和 *alk*B2 是否也是细菌趋油性信号蛋白？

（1）实验菌株。

实验采用 *alk*B1 烷烃单加氧酶基因缺失的荧光假单胞菌株 KOB（*Pseudomonas fluorescens* KOB2Δ1，不能在以 C_{12}—C_{16} 为唯一碳源的培养基中生长）及两株野生型荧光假单胞菌株 22+24（有 *alk*B1 基因）与 V1（有 *alk*B1 基因）作为实验菌株。

（2）实验方法及结论。

实验依然采用琼脂糖内塞法，荧光假单胞菌株 KOB 与野生型荧光假单胞菌株 22+24 在培养 30h、7 天后均能形成对原油的趋化带，不同的是荧光假单胞菌株 KOB 与野生型荧光假单胞菌株 V1 在 3h 时就有明显的趋化带，而野生型荧光假单胞菌株 22+24 在 3h 时没有出现趋化带，根据视频观察的结果，比较荧光假单胞菌株 KOB 与荧光假单胞菌株 22+24、V1 趋油性。

从实验结果来看，*alk*B1 烷烃单加氧酶基因缺失的荧光假单胞菌株 KOB（不能在以 C_{12}—C_{16} 为唯一碳源的培养基中生长）虽然缺失了利用 C_{12}—C_{16} 长链烷烃的能力且对原油的降解率很低，但是与野生型的荧光假单胞菌株 22+24、V1（均有 *alk*B1 基因）在趋油性方面相比没有明显不同，该突变株依然能够形成明显的趋油圈，运动速度也介于荧光假单胞菌株 22+24 和 V1 之间。通过疏水性分析发现，这 3 株菌株疏水性都很弱，这样就排除了细菌在油膜周围富集是因为细菌的黏附作用。因此，*alk*B1 烷烃单加氧酶基因缺失并不影响荧光假单胞菌株 KOB 的趋油性，该烃降解基因与趋油性相关基因是两套不同的基因簇，彼此不存在调控关系。

通过对采油微生物趋化性的研究，使人我们对采油微生物趋化性在微生物提高石油采收率中的作用有更加深入的认识。对采油微生物趋油性的研究，一方面得到了很多新的认识，另一方面建立了一套适合于采油菌株趋化性研究的方法。实验中还深入研究了采油菌株的代谢产物对趋油性的影响，以及采油微生物原油趋化性的调控原理及方法，最后做了一些关于细菌趋油性分子生物学机理的探索性研究。

（1）建立了一套适用于细菌趋油性研究的微观实验及分析方法。不同初始菌浓、不同时间相差显微镜观察的结果表明，采油菌株趋油性具有一定规律：

①在适宜温度及缓冲条件下采油菌株对原油有趋化性，也就是说，菌株具备趋化性的前提是满足其生长条件；

②采油菌在不同初始菌浓下对原油的趋化性效果相似，几乎都能够形成围绕油滴的细菌密集带，离油越近菌浓越大，外围菌分布很少，在菌与油的接触处存在最高菌浓；

③显微镜观察发现，菌株 5-016 有较强的运动性，37℃下培养 10 天后菌体依然运动性很强，说明该菌在以原油为唯一碳源的条件下能够很好地生长，此时菌株的趋油速率为 5~10μm/s；

④ 40 天后观察发现，细菌仍形成围绕油滴的细菌密集带，较 10 天、20 天、30 天无明显变化，该菌已经在以原油为碳源的环境中达到稳定状态，细菌数目基本稳定。

（2）利用 96 孔板研究了菌株化学趋向性系数的测定及趋油过程中细菌的生长情况，用标准方差来评价细菌对某一诱导剂存在时所提供的能量供给趋势的要求，细菌分布趋势越是平均，标准方差越小，趋向性越强；反之，如果诱导剂不能很好地满足细菌的要求，标准方差就会较大，趋向性就越弱。

（3）阐述了细菌黏附性和趋油性的关系，细胞表面疏水，接触角较大的菌株靠黏附性趋化，而接触角较小的菌株由于不能黏附，所以靠主动趋化和产生表面活性剂趋化。因此，在提高细菌趋油性方面，提高菌体表面疏水性和产表面活性剂能力显得非常重要。

（4）红球菌细胞表面结构（如枝菌酸）对细胞黏附性至关重要，生长初期细胞表面枝菌酸含量少，未形成成熟的长链；进入稳定期后，细胞表面疏水性最大，趋油速率也最大，枝菌酸含量最高，表明在不同生长时期细胞表面疏水性不同，疏水性越强，越易发生趋化。

第二节　采油微生物降解原油的机理及途径

一、原油黏度的影响因素

1. 原油黏度影响因素规律调研

黏度是流体黏滞性的一种量度，是流体流动力对其内部摩擦现象的一种表示。黏度大表现为内摩擦力大，分子量越大，碳氢结合越多，这种力量也越大。从原油体系结构上看，原油是一个主要由脂肪烃、芳烃、胶质和沥青质构成的连续分布的动态稳定胶体分散体系，沥青质和附着于其上的胶质作为分散相以胶粒形式悬浮于油相中，而分散介质是由极性和芳香度依次递减的部分胶质、芳烃和脂肪烃构成。当各种组分相对含量不同时，则原油物性不同[5-6]。

文献认为，稠油的各族组成与黏度的关联顺序为：沥青质 > 胶质 > 芳烃 > 烷烃。沥青质是影响油黏度的关键组分，胶质和芳烃对油黏度也有重要的影响，同时胶质和芳烃起着稳定沥青质、防止其聚集分相的作用[7]。

2. 大庆油田原油黏度的影响因素

大庆原油的主要特点是含蜡量高，凝点高，硫含量低，属低硫石蜡基原油。高碳链烷烃为大庆原油的主要成分，多以石蜡形式存在，高碳链烷烃黏度大表现为内摩擦力大，分子量越大。松辽盆地萨尔图、黑帝庙油层原油中芳烃主要由三芳甾类化合物和菲系列化合物组成，占总芳烃化合物的 82.7%~91.0%，葡萄花油层原油主要由菲系列和䓛（四环芳烃）系列化合物组成，它们占总芳烃化合物的 88.3%~91.3%。

1）原油族组成分析

石油是一种复杂的多组分混合物，其族组成包括饱和烃、芳烃、非烃和沥青质。饱和烃包括正构烷烃、异构烷烃和环烷烃；芳烃包括纯芳烃、环烷—芳烃分子；非烃主要是含氧、氮、硫三种元素的有机化合物；胶质、沥青质是高分子量的含杂原子的缩聚合物。分析了实验用原油的族组成，从分析结果可以看出，该油样饱和烃含量最多，占 70.45%；其次为芳烃，占 16.13%；非烃占 12.3%，沥青质含量仅占 1.12%（表 3–11）。

表 3–11 原油族组成分析

样品名	饱和烃，%	芳烃，%	非烃，%	沥青质，%
空白油	70.45	16.13	12.30	1.12

2）沥青质对原油黏度的影响

量取 60g 左右原油，加入 10~15 倍的正己烷，溶解原油后，放置 24h 后过滤。将蜡胶质在 65℃水浴中将溶剂蒸干后，测定原油黏度。称量不溶物质量，计算分离出的沥青质含量。将原油中的沥青质分离出后，对比前后原油黏度变化。分离出的沥青质为 1.25g，占原油质量的 2.05%。原油黏度为 55.1mPa·s，去沥青质后原油黏度为 52.8mPa·s，原油黏度略有下降，由于沥青质含量较少，其对原油黏度影响不大。

3）蜡对原油黏度的影响

蜡是指饱和烷烃中的正构烷烃，它们占石油质量的 15%~25%。将去沥青质后的蜡胶质分别在 20℃、0℃、–10℃、–20℃条件下放置 4h，然后快速将析出的蜡质分离。不同温度条件下，对原油进行了脱蜡。空白原油黏度为 55.1mPa·s，在 20℃、0℃、–10℃ 和 –20℃下处理后原油黏度分别为 45.2mPa·s、26.5mPa·s、18.7mPa·s 和 21.8mPa·s。

利用气相色谱分析了不同温度下析出蜡组分的碳数范围。20℃时，析出蜡组分在 C_{12}—C_{36} 之间，主要析出 C_{21} 以上组分，占析出蜡组分的 75.09%；0℃时，析出蜡组分在 C_{10}—C_{34} 之间，主要析出 C_{16} 以上组分，占析出蜡组分的 92.91%；–10℃时，析出蜡组分在 C_5—C_{34} 之间，主要析出 C_{14} 以上组分，占析出蜡组分的 84.47%；–20℃时，析出蜡组分在 C_4—C_{34} 之间，主要析出 C_{10} 以上组分，占析出蜡组分的 89.21%（表 3–12）。

表 3–12 不同温度下析蜡组分特征

温度，℃	析出组分	主要析出组分	主要析出组分所占比例，%
20	C_{12}—C_{36}	> C_{21}	75.09
0	C_{10}—C_{34}	> C_{16}	92.91
–10	C_5—C_{34}	> C_{14}	84.47
–20	C_4—C_{34}	> C_{10}	89.21

大庆原油组分对大庆原油黏度影响分析的结果表明，影响大庆原油黏度的主要成分为高碳蜡（大于 C_{21}）和多环芳烃化合物，通过降解石蜡和多环芳烃化合物来降低原油黏度。

二、原油降解菌的生理生化特征

1. 降解菌的筛选及生理生化特征

对降低原油黏度较好的 DQ8、HT 和 DQ4 生理生化特征进行了研究，并进行了初步鉴定（图 3–26）。菌株 DQ8 在 LB 平板上生长 2 天形成直径 2~3mm 的菌落，菌落圆形，凸起，表面湿润，边缘整齐，半透明。单细胞，呈短杆状，革兰氏阴性，根据这些形态和生理生化特征（表3-13），可以初步断定为铜绿假单胞菌。DQ4菌落乳白色，湿润光滑，边缘不规则，细胞为节杆菌，革兰氏阳性；细胞大小为（0.8~1.0）μm×（1.6~2.0）μm，根据这些形态和生理生化特征（表3-14），可以初步断定为地衣芽孢杆菌。HT是能够降解石油的菌株，菌落乳白色，湿润，直径为0.2~0.4mm，细胞为杆状；细胞直径大于1μm；形成芽孢，芽孢膨大、非圆形，根据这些形态和生理生化特征（表3-15），可以初步断定为短短芽孢杆菌。

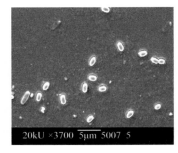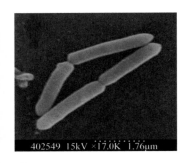

图 3-26　菌株 DQ8、DQ4 和 HT 显微镜照片

表 3-13　菌株 DQ8 生理生化特征

试验项目	结果	试验项目	结果
荧光	+	硝酸盐还原	+
脓青素	+	反硝化	+
甲基红	−	淀粉水解	−
VP 试验	−	明胶液化	+
葡萄糖发酵	氧化型	精氨酸水解	+
吲哚	−	接触酶	+
H₂S	−		

注："+"表示生长或反应阳性；"−"表示不生长或反应阴性。

表 3-14　菌种 DQ4 生理生化特征

试验项目	结果	试验项目	结果
碳水化合物产酸	+	革兰氏染色	阳性
细胞形状	杆状	葡萄糖	+
细胞直径 > 1μm	−	阿拉伯糖	+
形成芽孢	+	木糖	+
芽孢膨大	−	甘露醇	+
芽孢圆形	−	50℃生长	+
接触酶	+	7%NaCl 生长	+
氧化酶	+	pH 值 5.7 生长	+
厌氧生长	+	淀粉水解	+
MR 试验	+	分解酪素	+
VP 试验	+	明胶水解	+
利用柠檬酸盐	+	硝酸盐还原	+

表 3-15 菌株 HT 生理生化特征

试验项目	结果	试验项目	结果
碳水化合物产酸	+	革兰氏染色	阳性
葡萄糖	−	淀粉水解	−
木糖	−	明胶液化	+
L-阿拉伯糖	−	分解酪素	
甘露醇	−	接触酶	+
利用葡萄糖产气	−	氧化酶	+
利用柠檬酸盐	−	厌氧生长	+
硝酸盐还原	+	VP 试验	−
50℃生长	+	VP 试验（pH 值 < 6）	−
pH 值 5.7 生长	+	VP 试验（pH 值 > 7）	−
7%NaCl 生长	−	甲基红试验	

2. 以原油为碳源产气菌群的筛选

1）厌氧环境的建立

实验室建立了亨盖特厌氧技术。在亨盖特厌氧技术中常采用物理和化学两种方法相结合去除氧气的影响。一是以无氧纯氮（或氦、氢、二氧化碳等）来去除气相中的空气；二是煮沸基质液体去除溶解氧；三是在培养基中加入硫化钠、半胱氨酸（Cysteine）等还原剂，与基质中的溶解氧起作用来去除氧气。

2）乙酸盐菌的筛选和评价

（1）乙酸盐菌的筛选。

利用乙酸盐菌培养基和水质试剂瓶对地层水和污泥中的乙酸盐菌进行激活培养，培养一周后得到能够产生乙酸的菌种，利用厌氧管筛选到产乙酸菌 3 株。

（2）对发酵液 pH 值进行分析。

微生物作用前培养液 pH 值为 7 左右，微生物作用后为 3 左右，说明有大量酸性物质产生。

（3）有机酸含量分析。

采用"pH 电位滴定法测定油田水中有机酸"方法，在水溶液中，有机酸的 K_a 一般为 $10^{-4} \sim 10^{-5}$，随 pH 值变化有酸式和碱式两种形态的分布：$RCOOH$ 和 $RCOO^-$，因此可用标准浓度的强酸（HCl），从一定 pH 值滴定到另一 pH 定值，使有机酸由碱式定量转变成酸式，另做空白。

微生物作用后有机酸含量是微生物作用前的 20 倍左右（表 3-16），证明微生物产生大量的有机酸。

表 3-16 产气微生物作用前后发酵液有机酸含量

样品名称	空白	样品 1	样品 2	样品 3
有机酸含量，mol/L	0.0524	1.355	1.290	1.215

（4）发酵液中产乙酸菌含量分析。

利用产乙酸菌水质试剂检测微生物作用前后发酵液中产乙酸菌的含量，结果是从 10 个 /mL 增加到 10^4~10^5 个 /mL，说明发酵液中有产乙酸菌。

3）产甲烷菌筛选和评价

在产生甲烷气体的 3 种培养物中，加入半胱氨酸和硫化钠的培养物产生的甲烷量大，也是最先产生甲烷气体。半胱氨酸和硫化钠都是强还原剂，有消耗环境中氧气提供还原环境的作用。甲烷菌不仅需要厌氧条件，而且需要非常低的 Eh 值去实现甲烷生成。在产甲烷菌的培养物中，通过加入半胱氨酸和硫化钠或两种还原剂的混合物，以保持低的 Eh 条件。

在产生甲烷的试管中分离得到 4 株纯菌，进行 16S rRNA 测序、序列比较、系统发育树分析。金 1 属于未培养古菌（Uncultured archaeon），在体系中得到这株菌具有很好的新菌鉴定前景；金 2 属于未培养的真古菌（Uncultured Euryarcheaota），该菌也是新菌，同样具有很好的理论价值；金 3 属于甲烷囊菌属（*Methanoculleus*）；金 4 属于嗜热甲烷鬃菌（*Methanosaeta thermophila*）。这组古菌由于是从产甲烷的原油厌氧培养物中得来，因此具有很好的理论价值。

三、石油化合物的降解及代谢途径分析

1. 正二十二烷降解产物及代谢途径

1）对正二十二烷的降解

用 LB 液体培养基活化菌株，离心收集菌体，用 pH 值 8.0 的磷酸盐缓冲液洗两遍并重悬于此缓冲液中作为种子液；种子液接种无机盐培养基，分别添加 100mg/L 正十四烷或正二十二烷；接种后振荡培养，定时取样，加入 6mol/L 盐酸调节 pH 值小于 2，并用乙酸乙酯萃取；萃取物用气相色谱法检测各种化合物浓度，以不接菌培养基作为对照。

对菌株 DQF 和 DQ4 进行了好氧和厌氧两种条件下正二十二烷降解能力的分析。

（1）好氧降解：

①用 LB 液体培养基活化菌株，离心收集菌体，用 pH 值 8.0 的磷酸盐缓冲液洗两遍并重悬于此缓冲液中作为种子液；

②种子液接种无机盐培养基，添加 50mg/L 正二十二烷；

③接种后 45℃振荡培养，定时取样，加入 6mol/L 盐酸调节 pH 值小于 2，并用乙酸乙酯萃取；

④按照降解反应相同的反应体系，加入不同浓度的正二十二烷，利用乙酸乙酯（0.3mmol/L 2– 羟基联苯醚作为内标）萃取，制作正二十二烷的标准曲线。

（2）厌氧降解：

①将无机盐培养基（加入 0.05% 体积的 1% 刃天青溶液、50mg/L 正二十二烷）、厌氧瓶等物品放入厌氧培养箱置换室，进行 3 次氮气置换；

②在厌氧操作箱中分装培养基，拧紧厌氧瓶，防止露气；

③培养基灭菌后，接种制备好的种子液，并加入 1~2 滴 1% 保险粉溶液除去残留氧气；

④45℃静置培养，定期取样测定菌株生长和正二十二烷降解情况。

该实验证实了菌株具有降解正十四烷和正二十二烷的能力，并且可以明显观察到菌株

的生长，说明菌株可以利用中长链的正十四烷和长链的正二十二烷作为唯一碳源和能源生长。而正二十二烷的降解速率稍慢于正十四烷，这可能与碳链的长度有关。有报道称，长链的正构烷烃生物利用性比短链正构烷烃差。

采油菌株对正二十二烷具有很好的降解能力，菌株 HT 4 天可以降解 50mg/L 的正二十二烷。经过 14 天的降解，菌株 DQ4 也可以降解 70% 以上的正二十二烷。

2）采油菌株降解正二十二烷产物鉴定及途径

菌株降解正二十二烷产物鉴定：在 LB 液体培养基中活化菌株，离心收集菌体，用 pH 值 8.0 的磷酸盐缓冲液洗两遍并重悬于此缓冲液中作为种子液；种子液接种装满无机盐培养基（50mg/L 正二十二烷）的厌氧瓶中，拧紧瓶塞；45℃静置培养 7 天，加入 6mol/L 的盐酸调节 pH 值小于 2，用等体积乙酸乙酯萃取 3 遍，合并有机相；将有机相经真空减压蒸馏后加入 1mL 乙酸乙酯重溶，进行 GC–MS 鉴定。

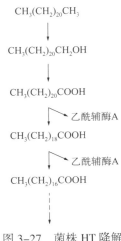

图 3-27 菌株 HT 降解正二十二烷途径

通过 GC–MS 鉴定得到了 3 种产物，包括正二十二烷酸、正十八烷酸和正十六烷酸。可见菌株是通过末端单加氧酶开始第一步反应，在正构烷烃末端加羟基生成醇，然后在醇氧化酶作用下进一步氧化生成酸，然后进行 β – 氧化每次脱掉两个碳生成乙酰辅酶 A，逐步完全降解，可以推测出采油菌株降解正二十二烷的途径如图 3–27 所示。

同时，利用末端氢原子被氘取代的正二十二烷进行了降解中间产物分析，在代谢中间物中鉴定出了末端氢被氘取代的正二十二烷酸和丁酸。末端氢原子被氘取代的正二十二烷酸分子量为 343，并且得到了 m/z 值为 325 的离子碎片峰，这表明该化合物在断裂时产生了一个分子量为 18 的离子碎片，符合 M^+–CD_3 断裂方式。

2. 芳烃（芴）降解中间产物鉴定及代谢途径

1）对芴的降解

（1）休止体系反应：

①接种 DQ8 菌株于 LB 液体培养基中，振荡培养 12h，离心收集菌体，并用 pH 值 8.0 的磷酸盐缓冲液洗两遍，调节 $OD_{600nm}=5$，制备休止细胞；

②分别在休止细胞中加入 40mg/L 的芴，振荡反应；

③反应结束后，加入 6 mol/L 的盐酸调节 pH 值小于 2，然后用乙酸乙酯（0.3mmol/L 2-羟基联苯醚作为内标）萃取 3 遍，合并有机相，氮气吹干后重溶于 1mL 乙酸乙酯中，气相色谱法检测各种化合物含量，同时以无菌和灭活菌体（休止细胞 115℃湿热灭菌 5min）作为对照；

④按照与降解反应相同的反应体系，加入不同浓度的多环芳烃（PAH），利用乙酸乙酯（0.3mmol/L 2- 羟基联苯醚作为内标）萃取，制作各种 PAH 的标准曲线。

（2）生长体系反应：

①在 LB 液体培养基中活化菌株，离心收集菌体，用 pH 值 8.0 的磷酸盐缓冲液洗两遍并重悬于此缓冲液中作为种子液；

②种子液接种无机盐培养基，添加 40mg/L 菲、荧蒽或芘，混合 PAHs 反应中加入各

20mg/L 的芴、菲、荧蒽和芘；

③接种后振荡培养，定时取样，加入 6 mol/L 盐酸调节 pH 值小于 2，并用乙酸乙酯萃取；

④萃取物用气相色谱法检测各种 PAH 化合物含量，生长体系以不接菌培养基作为对照。

菌株 DQ8 对多环芳烃的降解实验，发现采油菌株对芴具有很好的转化能力，经过 7 天的反应芴降解率达到 83.5%。并且第一天的降解率达到 50% 以上，随着反应的进行，由于底物浓度降低、产物抑制或催化剂活力的降低，降解速率减慢。

2）采油菌株降解芴的产物鉴定

微生物菌株降解芴后的中间产物分离制备：利用菌株生长体系降解芴和正十四烷，反应结束后，样品用 6mol/L 盐酸调节 pH 值小于 2，在分液漏斗中用等体积乙酸乙酯萃取，重复萃取 3 次，合并有机相；上一步有机相用等体积氢氧化钠溶液（10mmol/L）反萃 3 遍，分别收集水相和有机相，有机相为中性代谢物，水相为酸性代谢物；上步反萃水相用 6mol/L 盐酸调节 pH 值小于 2，再用等体积乙酸乙酯萃取 3 次，合并有机相，为酸性代谢物；萃取物经真空减压蒸馏后加入 1mL 乙酸乙酯重溶，中性样品直接用气相色谱—质谱联用仪（GC–MS）检测，酸性样品甲基化衍生后 GC–MS 检测。

酸性中间产物甲基化衍生物由于酸性样品在进行气相色谱检测时不容易气化，造成检测困难。通常在进行这类样品检测时首先进行衍生，常用的衍生方法有硅烷化、甲基化。采用重氮甲烷法进行甲基化衍生：在三角瓶中加入 1.5mL 40% 氢氧化钾溶液、5mL 乙醚置于冰水中冷却，分批加入称好的 0.44g 亚硝基甲基脲，然后避光振荡 10min；取出乙醚层，并用乙醚洗涤三角瓶，合并乙醚相，加入固体氢氧化钾干燥，避光冷藏放置 4h 备用；将样品用氮气吹干，滴加制备好的重氮甲烷乙醚溶液，至溶液呈明显的黄色、摇动不褪色且无气泡产生；用稀盐酸反滴样品，除去未反应的重氮甲烷，然后氮气吹干样品，重溶于 1mL 乙酸乙酯，进行 GC–MS 鉴定。

将采油微生物降解芴的中性样品进行质谱鉴定，得到 4 种中间代谢产物。其中：A 是代谢底物芴的质谱结果，与数据库中标样质谱结果可以很好地吻合；B 是芴被降解开环后的产物，此产物在文献中已被报道，推测为芴双加氧后发生间位裂解，然后继续降解得到的产物；C 是 9 位碳原子发生单加氧产生的 9- 芴；D 是 C 进一步氧化生成的产物。由此可见，在降解过程中包含两种氧化降解芴的途径。

在芴降解的酸性样品中检测到如下中间代谢产物。其中：A 推测为芴 3，4 位双加氧后，开环产物进一步氧化的产物；B 是在样品中检测到的中间产物，虽然谱库中没有给出结构，但是根据离子碎片峰推测为正十四烷酸；在样品中检测到了正十六烷酸（C），这可能是底物中含有的微量正十六烷被氧化生成的产物。由此可以推测菌株 DQ8 降解直链烷烃是通过末端氧化实现的。这 3 种中间产物都是以甲基化衍生物的形式被检出的，可见对酸性、非极性样品在气相色谱检测时由于难以气化造成的困难可以通过此种衍生的方法解决。

综上可以看出，采用的方法可以较好地将代谢物中中性样品和酸性样品分离，增强了酸性样品衍生检测的针对性，可见此种分离方法对中间代谢产物的分离鉴定具有较好的效果。

3）同位素标记芳烃（芴）中间产物鉴定

为了进一步证明采油菌对芴的降解途径，利用氘代芴进行了降解实验及中间代谢产物鉴定实验。通过休止细胞反应，从反应体系中鉴定得到了 3 种降解产物，这 3 种代谢产物与非同位素标记化合物代谢中间产物一致。其中，从中性样品中鉴定出 D-9- 芴醇，从酸性样品中鉴定出羧基甲基化的芴酮乙酸和芴酮丙酸。

4）采油微生物代谢芴途径

根据同位素标记和 GC–MS 分析鉴定结果，根据产物分析，微生物降解芴存在两个代谢途径（图 3–28）：一种为 9 位两步单加氧反应生成 9– 芴酮，没有检测到进一步的代谢产物；另一个代谢途径为 3，4 位双加氧，然后开环生成 3–（1– 羰基 –2，3 二氢 –1– 茚基）丙酸，该化合物经过连续两步氧化生成 2–（1– 羰基 –2，3 二氢 –1– 茚基）乙酸和 1– 羰基 –2，3 二氢 –1– 茚基 –2– 羧酸，然后氧化脱羧生成 1– 茚酮，1– 茚酮氧化开环生成反 –3–（2– 羰基苯基）丙烯酸。虽然这条代谢途径被多次报道，但是以往的报道中极少给出开环后产物的降解情况，该研究鉴定了化合物Ⅲ和化合物Ⅳ，阐明了芴降解开环后的降解过程。

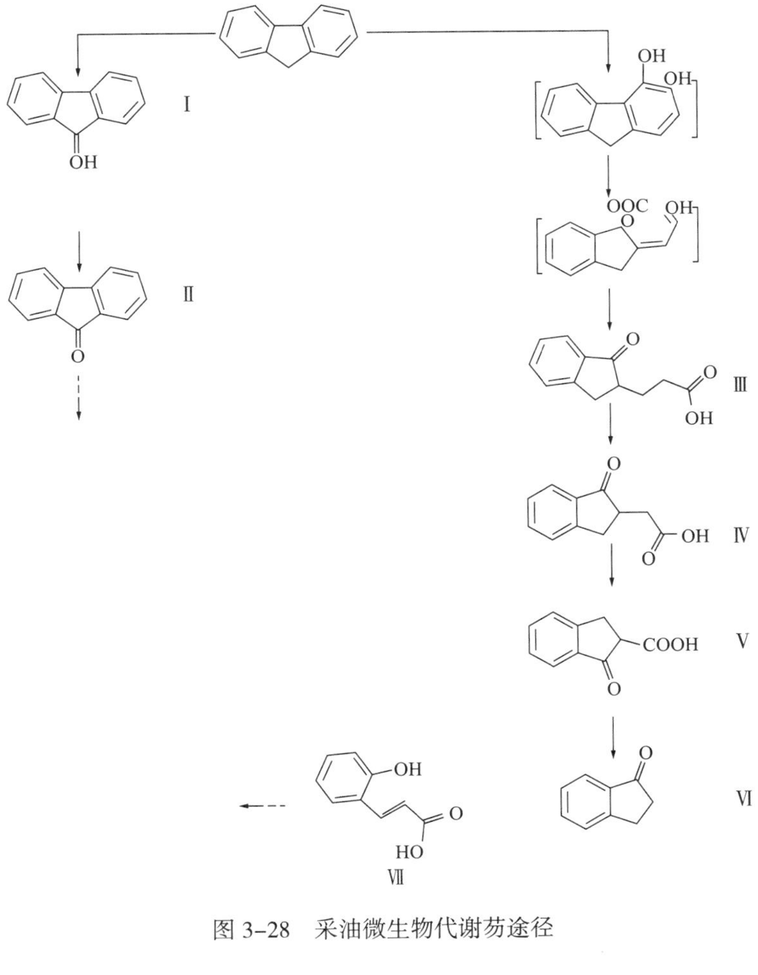

图 3–28　采油微生物代谢芴途径

3.NSO 杂环化合物降解产物及代谢途径

1）咔唑降解中间产物鉴定及代谢途径推测

通过重氮甲烷衍生得到一个产物，初步鉴定为吲哚 –3– 乙酸，实验中没有检测到邻氨基苯甲酸（AA），但是菌株能够利用苯甲酸生长，说明菌株代谢途径可能走跟文献报道类似的有角度双加氧途径[8]。

利用 CA 作为唯一碳源、氮源和能源的无机盐培养基生长，该实验没有检测到 AA，但是菌株能够利用 AA 为底物生长。检测到的产物吲哚 –3– 乙酸和（1H）–4– 喹啉醇，由于（1H）–4– 喹啉醇的结构与二苯并呋喃（DBF）的中间产物色酮（chromone）结构类似，因此推测菌株代谢 CA 和 DBF 途径类似，有角度双加氧可能起始第一步反应。

2）二苯并呋喃降解中间产物鉴定代谢途径推测

通过 GC–MS 可以检测到一系列的菌株降解 DBF 中间产物。二羟基苯乙酮和水杨酸是根据标准样品比对得到的，色酮和二甲基色酮是通过与文献报道的图谱比对或与 NIST 数据系统比对得到的。

除了二甲基色酮外，高分辨率质谱显示另外两个中间产物的分子量分别为 162.0686 和 162.0670（理论计算 $C_{10}H_{10}O_2$ 分子量为 162.0681）。GC–MS 分析Ⅲ的分子离子峰为 m/z 162，m/z 145 的碎片是分子离子丢失一个羟基得到的，m/z 121 的碎片是分子离子丢失一个丙烯基得到的，m/z 121 碎片丢失羰基得到 m/z 93。与中间产物Ⅲ类似，GC–MS 分析中间产物Ⅳ的分子量也为 162，m/z 147 的碎片是分子离子丢失一个甲基得到的，m/z 147 丢失一个乙烯基得到 m/z 121，m/z 91、m/z 92 和 m/z 93 的碎片是 m/z 121 丢失一个羰基加 2、1 或 0 个 H 后得到的。结合高分辨率质谱数据，中间产物Ⅲ和中间产物Ⅵ分别被鉴定为 2– 羰基苯基 –3– 丁烯 –1– 酮和 2– 羰基苯基 –2– 丁烯 –1– 酮。这是首次检测到微生物代谢 DBF 生成 2– 羰基苯基 –3– 丁烯 –1– 酮和 2– 羰基苯基 –2– 丁烯 –1– 酮，从这两个产物的结构分析可以看出：菌株进一步代谢开环产物 2′– 羰基 –6– 酮基 –6– 苯基 –2,3– 己二烯酸可能发生脱羧反应或 β – 氧化反应。

由检测到的中间产物可以推测菌株代谢 DBF 走有角度双加氧途径。两条途径参与 DBF 的降解：有角度双加氧途径和侧面双加氧途径，虽然实验中没有检测到侧面双加氧途径进一步的代谢产物，但是不能排除该途径在 DBF 的代谢中起作用，根据检测到的 CA 的代谢产物（吲哚 –3– 乙酸）和二苯并噻吩（DBT）的代谢产物分析认为，菌株应该能够通过侧面双加氧途径攻击 DBF 并能进一步生成开环产物。

3）二苯并噻吩降解中间产物鉴定代谢途径推测

通过 GC–MS 检测到 4 个 DBT 中间产物，单羟基二苯并噻吩和二羟基二苯并噻吩的检测说明菌株能够通过侧面双加氧作用 DBT，单羟基二苯并噻吩类似于单羟基二苯并呋喃，是二氢二醇脱水生成的。检测到的中间产物除了羟基二苯并噻吩外，还有另外两个中间产物，即 DBT 亚砜和砜，这说明菌株能够氧化 DBT 的硫原子生成亚砜和砜的结构，当以 DBT 砜为底物时没有检测到进一步的中间产物，这说明砜不能进一步被降解而积累。为了研究亚砜和砜在培养基中的积累量，对亚砜进行了纯化，通过核磁共振验证了所制备亚砜的纯度。在制备 DBT 亚砜时对菌株代谢 DBT 进行了定量分析，30%~35% 的 DBT 经菌株转化生成砜和亚砜，实验中利用 DBT 砜作为底物，研究菌株对其降解情况，没有检测到开环产物，说明菌株不能继续氧化 DBT 砜。大约 55% 的 DBT 被转化成不能检测到的化合物。

硫氧化和侧面双加氧两条途径参与 DBT 的降解。虽然 35% 的 DBT 被转化成相应的亚砜和砜，但是菌株还能够通过侧面双加氧途径降解 DBT 并能生成开环产物。这是首次报道 CA 降解菌株能够通过侧面双加氧攻击 DBT 并能进一步生成开环产物。实验中没有进一步鉴定该开环产物，但是根据其在 472nm 具有最大紫外吸收，并且检测到羰基 – 二丁基烯和二羰基 – 二丁基烯，推测该产物可能是反 –4–［2–（3– 羟基）– 硫茚基 –2– 羰基 –3– 丁烯酸］。

四、菌株对原油的降解分析

培养条件：无机盐培养基中按照油水比（质量比）1:9 加入原油，121℃ 灭菌 20min；10% 接种量接种各菌株，振荡培养，以不接菌培养基作为对照；培养 7 天后，采用离心机 6000r/min 15min 进行水相和油相分离。

原油培养液水相及油相中组分分析：取水相 10mL，加入 6mol/L HCl 调节 pH 值小于 2，然后加入 2mL 乙酸乙酯振荡萃取 30min；取出上层有机相，氮气吹干后，加入 500μL 乙酸乙酯重溶即为水相中组分。称量少许油相，用氯仿配制 10g/L 油相溶液，用于测定油相中组分；气相色谱法鉴定水相和油相组分。进样口温度为 275℃。FID 检测器温度为 300℃。柱温：50℃ 2min，50~300℃ 程序升温，6℃ /min，300℃ 5min。

1. 采油微生物对原油的降解

原油中各极性含氧物质的质谱数据由 GC–MS 配置的 NIST107、NIST21 数据系统进行检索。检索结果与标准谱图准确核实，确定了原油中极性含氧物质的化学组成。

1）空白原油极性组分分析

对空白原油中的极性含氧物质进行了详细的分析，从样品谱图中共检出极性物质 56 种。醇类化合物 31 种，占已检出极性物质的 53.12%（质量分数），以支链饱和醇为主，其中 2–（1– 甲基乙氧基）乙醇占已检出醇类化合物的 86.46%（质量分数）；醛、酮类化合物 11 种，占已检出极性物质的 1.49%（质量分数）；酯类化合物 7 种，占已检出极性物质的 44.34%（质量分数），其中 5– 乙氧基 –3– 甲基 –2– 丙酸 –1,1– 二甲基乙酯占已检出酯类化合物的 99.55%（质量分数）；脂肪酸化合物 7 种，占已检出极性物质的 1.05%（质量分数）。

从表 3–17 可以看出，空白原油中极性含氧物质以醇、酯类为主［占已检出极性物质的 97.46%（质量分数）］，脂肪酸类化合物含量较低，这进一步证明了大庆原油的低酸值（小于 0.01mg KOH/g）。

表 3–17　空白原油中极性含氧物质分类分析

序号	化合物种类	检出个数	相对含量，%（质量分数）
1	醇	31	53.12
2	醛、酮	11	1.49
3	酯	7	44.34
4	脂肪酸	7	1.05

2）微生物作用后原油极性组分分析

从菌株 DQ4 作用原油样品中共检出极性含氧物质 32 种，其中醇类化合物 11 种，醛、酮类化合物共 3 种，酯类化合物 1 种，脂肪酸类化合物 17 种（表 3–18）。从菌株 HT 作用原油样品谱图中共检出极性含氧物质 41 种,其中醇类化合物 10 种,醛、酮类化合物 5 种,酯类化合物 2 种,脂肪酸类化合物 24 种(表 3-19)。

表 3-18 菌株 DQ4 作用原油中极性含氧物质分类

序号	化合物种类	检出个数	相对含量,%(质量分数)
1	醇	11	30.24
2	醛、酮	3	9.07
3	酯	1	0.64
4	脂肪酸	17	60.05

表 3-19 菌株 HT 作用原油中极性含氧物质分类分析

序号	化合物种类	检出个数	相对含量,%(质量分数)
1	醇	10	36.09
2	醛、酮	5	1.13
3	酯	2	1.76
4	脂肪酸	24	61.02

分析结果表明,微生物作用大庆原油后,生成大量的胞外脂肪酸。脂肪酸由作用前的 7 种分别增加到 17 种和 24 种,相对含量由作用前的 1.05%(质量分数)分别升高到 60.05%(质量分数)和 61.02%(质量分数)。

3)微生物作用前后原油中脂肪酸类化合物的对比分析

菌株 DQ4 作用原油中有两种与空白原油中的脂肪酸相同,即 2-氧代十八酸和六十九碳酸,新产生的脂肪酸类化合物共有 15 种;菌株 HT 作用原油中有两种酸与空白原油中的酸相同,即 2-甲基戊二酸和六十九碳酸,另外新产生的酸有 22 种。

从以上分析数据可以看出,两种微生物作用后的原油都有新的酸产生,并且两种作用产生的酸很相近,产生的脂肪酸以一元酸和二元酸为主,碳数集中在 C_2—C_{20} 之间。为了进一步研究微生物降解原油的作用机理,分别对两种微生物菌种作用后原油新产生的脂肪酸按烷基链的不同进行分类,见表 3-20 和表 3-21。从分析结果可以看出,DQ4 和 HT 两种菌株作用大庆原油后,产酸以饱和烷基酸为主,尤其以直链饱和烷基酸居多;同时也生成一定量的环烷、烯基酸和少量的芳基酸。这些都将为研究原油烃生物降解提供依据。

表 3-20 菌株 HT 作用原油中新增脂肪酸分类

序号	类型	检出个数	相对含量,%(质量分数)
1	直链饱和烷基	10	33.05
2	支链饱和烷基	4	13.24
3	环烷、烯基	5	11.37
4	芳基	3	0.67

表 3-21 菌株 DQ4 作用原油中新增脂肪酸分类

序号	类型	检出个数	相对含量, %（质量分数）
1	直链饱和烷基	7	19.57
2	支链饱和烷基	3	4.78
3	环烷、烯基	3	19.57
4	芳基	2	1.99

4）微生物作用前后原油中醇类化合物对比分析

菌株 DQ4 作用原油与空白原油样品有 6 种相同的醇，新产生的醇有 5 种；菌株 HT 作用原油与空白原油样品有 4 种相同的醇，新产生 6 种醇。从以上分析结果可以看出，两种菌株代谢后的原油都有新的醇产生，并且两种作用产生的醇相近，都以一元醇为主。

2. 微生物作用后油相和水相组分分析

DQ4、HT 两种菌的发酵液样品的有机酸气相色谱图，经质谱检测和与有机酸标样对照，DQ4 菌发酵液样品中含有 4 种有机酸，即乙酸、丙酸、丁酸和异戊酸；HT 菌发酵液样品中只含有乙酸、丙酸、丁酸 3 种有机酸。有机酸标样乙酸、丙酸、丁酸和异戊酸的保留时间分别为 2.16min、2.50min、2.99min 和 3.26min。

有机醇标样的色谱图，色谱条件下的保留时间乙醇、丙醇、丁醇、戊醇分别为 1.93min、2.47min、3.51min 和 5.00min。DQ4 菌发酵液样品中只含有乙醇，HT 菌发酵液样品中未检测到有机醇。

五、微生物厌氧降解原油产甲烷的途径及机理

1. 中间代谢产物的分析方法

将培养液离心分离细胞，取 10mL 培养液加入氨水调 pH 值大于 12，在 105℃下加热烘干。加入一定量的硫酸—正丁醇溶液（1:10，体积比），在 90℃下进行丁酯化反应 60min。反应结束后，一部分丁酯化产物用正十二烷萃取，用于挥发性脂肪酸的分析；另外一部分丁酯化产物用正己烷萃取，用来检测其他有机酸。萃取后的样品进行 GC-MS 分析，挥发性脂肪酸的分析条件为：初始柱温设定为 60℃，保持 1min 后，以 15℃/min 的速率升温至 145℃，进样器温度设为 250℃，分流比为 20:1；非挥发性脂肪酸的分析条件为：初始柱温设定为 120℃，保持 3min 后，以 8℃/min 的速率升温至 260℃，并保持 10min，进样器温度设为 250℃。

同时，再取 20mL 培养液加入氨水调 pH 值大于 12，放置 30min 后，在 105℃加热 1h。加入盐酸调 pH 值小于 2，用乙醚连续萃取 3 次，合并有机相后用无水硫酸钠除水，用无氧氮气吹干溶剂，也用于进行非挥发性脂肪酸的分析。将上述萃取物加入硅烷化试剂，在 60℃下进行硅烷化反应 60min，反应结束后，将硅烷化产物进行 GC-MS 分析。程序升温条件为：初始柱温设定为 80℃，保持 3min 后，以 10℃/min 的速率升温至 280℃，并保持 37min，进样器温度为 260℃。以上所有测定过程中，辅助接口温度设为 280℃，载气氦气的流速为 1.0mL/min。质谱是在全扫描模式下工作，离子源温度设为 230℃，电子轰击电离源（EI）的电离能量为 70eV，四级杆温度设为 150℃。

2. 中间代谢产物的检测及途径分析

在微生物厌氧降解原油产甲烷培养液中，检测到了一系列脂肪酸类中间产物，见表 3-22。

表 3-22　微生物厌氧降解原油产甲烷体系中检测到的代谢产物

代谢产物	浓度，μmol/L	代谢产物	浓度，μmol/L
二十四酸	0.69	二十二酸	0.69
二十酸	0.69	十八酸	6.25
十六酸	4.94	十五酸	0.80
十四酸	4.61	十二酸	82.67
十一酸	7.84	癸酸	13.34
壬酸	5.88	辛酸	15.27
延胡索酸	0.60	甲酸	10.69
乙酸	72.32	丙酸	1.38
丁酸	8.56		

其中，检测到的一系列直链脂肪酸产物（C_8—C_{24}）可能代表着烷烃初始活化和发酵后的下游代谢产物。同时，富集培养中也检测到了一系列挥发性脂肪酸（C_1—C_4），它们是烷烃厌氧氧化之后的中间产物，而乙酸作为产甲烷的前体，在体系中的存在也尤为重要。

此外，在培养液中还检测到甲苯基琥珀酸、萘甲酸和烷基琥珀酸。结果如图 3-29 至图 3-34 所示。

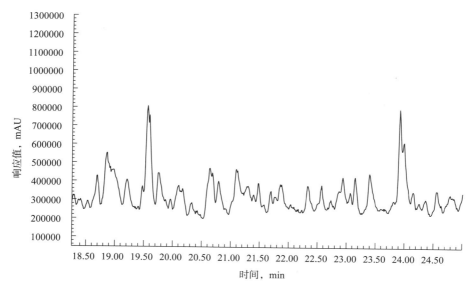

图 3-29　甲苯基琥珀酸色谱图

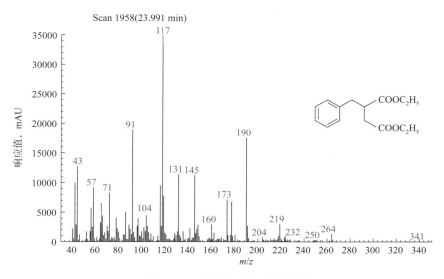

图 3-30　甲苯基琥珀酸质谱图

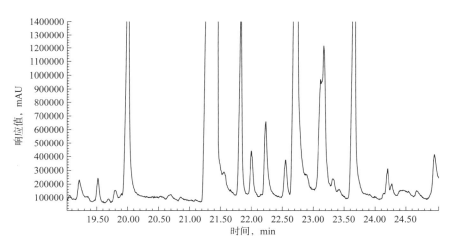

图 3-31　苯甲酸样品色谱图

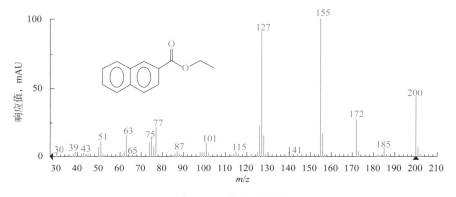

图 3-32　萘甲酸质谱图

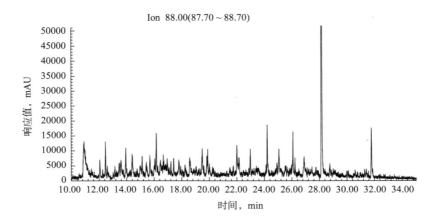

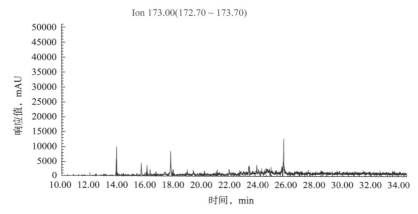

图 3-33　烷基琥珀酸特征离子提取离子色谱图

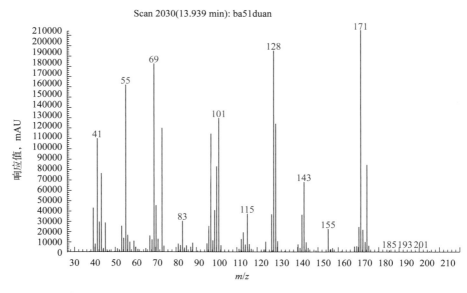

图 3-34　烷基琥珀酸质谱图

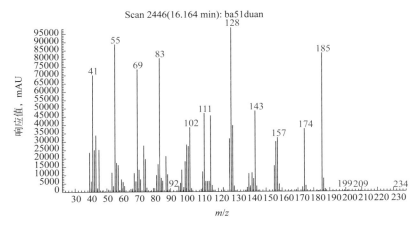

图 3-34　烷基琥珀酸质谱图（续图）

　　结合样品中的菌群组成，提出该体系中可能存在的烷烃厌氧转化为甲烷的生化途径（图 3-35）。具体而言，烷烃可能通过延胡索酸加成的方式进行初始活化，再被连续降解为脂肪酸，之后转化为乙酸、甲酸、氢气和二氧化碳，并由乙酸营养型（Methanosarcinales）和氢营养型产甲烷菌（Methanomicrobiales 和 Methanobacteriales）产生甲烷。另外，在厌氧烃降解过程中产生的乙酸，可以共生氧化为氢气和二氧化碳，再由二氧化碳还原以及乙酸分解的方式产生甲烷。

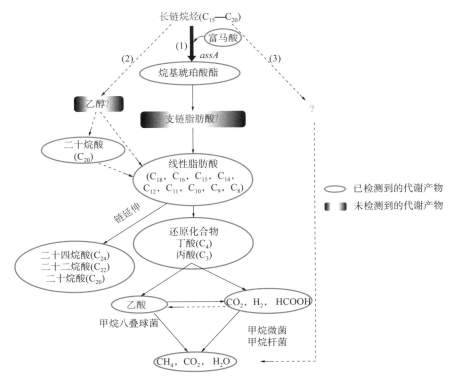

图 3-35　微生物厌氧降解原油产甲烷过程的途径推测

（1）延胡索酸加成方式；（2）脱氢羟基化方式；（3）其他选择性机制

（1）大庆原油主要是含蜡量高、凝点高的石蜡基原油，高碳烷烃（C_{21}以上）和芳烃对大庆原油黏度影响较大。

（2）选择了3株微生物采油菌种作为实验菌株，并对3株菌的生理生化特性进行了研究，初步确定DQ4、DQ8和HT分别为地衣芽孢杆菌、铜绿假单胞菌和蜡状芽孢杆菌。实验室建立了亨盖特厌氧技术和厌氧菌分离、培养方法。筛选到3株产乙酸盐菌和4株产甲烷菌，经鉴定其中两株为新菌，具有很好的理论价值；另外两株分别为甲烷囊菌属（*Methanoculleus*）和嗜热甲烷鬃菌（*Methanosaeta thermophila*）。这组古菌由于是从产甲烷的原油厌氧培养物中得来，具有很好的理论价值和应用价值。

（3）采油菌株对烷烃和芳烃具有很好的转化降解能力，建立了分离中性代谢产物和酸性代谢产物的方法，并采用重氮甲烷衍生的方法对酸性中间产物进行甲基化衍生，通过中间代谢产物鉴定和同位素标记代谢产物检测，确定了采油菌降解二十二烷和芴的代谢途径。根据中间产物结构鉴定得到了正二十二烷代谢的二十二烷酸、十八烷酸和十六烷酸，判断采油微生物是以末端单加氧的形式代谢正二十二烷生成二十二烷醇，进一步氧化成酸，然后进入 β–氧化过程。芴降解存在两条代谢途径：一为9位两步单加氧反应生成9–芴酮；二为3，4位双加氧，然后开环，经过连续两步氧化后，又经过氧化脱羧、氧化开环生成反–3–（2–羧基苯基）丙烯酸，多环芳烃氧化开环后产物进一步脱羧降解的过程为 α–氧化。同时推测菌株代谢CA和DBF途径类似，有角度双加氧可能起始第一步反应，通过对DBF的降解产物、检测到的中间产物分析，可以推测菌株代谢DBF走有角度双加氧途径，在DBT降解过程中，推测硫氧化和侧面双加氧两条途径参与DBT的降解。

（4）对原油中极性含氧化合物进行分析，空白原油中极性含氧物质以醇、酯类为主，脂肪酸类化合物含量较低；微生物作用于大庆原油后，生成大量的胞外脂肪酸，分析研究结果进一步验证了对于微生物降解烷烃和芳烃途径的判断。

（5）结合样品中的菌群组成，提出该体系中可能存在的烷烃厌氧转化为甲烷的生化途径。

第三节　微生物作用原油过程控制及降解机理

一、菌种的优化组合对微生物降解原油的调控作用

探索了通过特定技术，对菌种进行优化组合，调控原油降解过程的方法。结果表明，优化组合后，发酵液的表面张力进一步降低（表3–23）。

表3–23　菌种组合对微生物降解原油发酵液表面张力的影响

样品	表面张力，mN/m				
	1d	5d	10d	15d	20d
油＋培养基	62.82	63.18	64.10	65.74	61.33
油＋原菌体系	57.49	62.10	58.63	57.98	63.68
油＋优化重组菌系1	53.12	53.37	55.32	55.06	50.22
油＋优化重组菌系2	42.45	50.94	47.34	51.18	52.65

与对照样品相比较，优化组合菌系后，原油流变性改善，原油黏度降低，说明该方法对原油降解过程也能起到较好的调控作用（图3-36）。

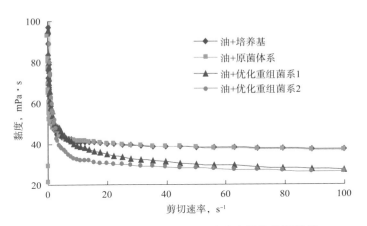

图3-36　优化组合菌系对原油流变性的作用效果

二、微生物代谢产物对原油的作用

1. 微生物代谢产物对原油黏度和流变性的影响

原有的认识，普遍认为微生物代谢产物的主要作用是驱油，即微生物代谢产生生物表面活性剂、低分子有机溶剂、有机酸，从而降低油水界面张力，提高驱替毛细管数和洗油效率。但是，通过研究发现，微生物代谢产物也可以使原油黏度降低，流变性得到改善。

实验步骤：去除菌体后的发酵液与原油振荡混合5min后，原油脱水，利用流变仪测得发酵液作用后原油的流变性。

结果表明，采油微生物使原油黏度降低不仅是氧化降解的作用，微生物代谢产物同样发挥重要作用。发酵液直接与原油混合后脱水测定，原油流变性也能得以改善，说明发酵液中组分有利于原油黏度降低（图3-37）。

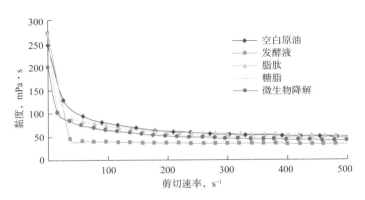

图3-37　微生物的代谢产物对原油流变性的影响

利用布氏黏度计，测定了发酵液作用前后的原油黏度，表3-24的结果进一步验证了发酵液与原油混合后，能使原油黏度降低，降黏率为59.6%。

表 3-24　微生物的代谢产物对原油黏度的影响

样品	原油黏度，mPa·s	降黏率，%
空白原油	58.5	
发酵液与原油混合后脱水	23.6	59.6
脂肽与原油混合后脱水	48.7	16.7
糖脂与原油混合后脱水	41.8	28.5
生物降解	24.1	58.8

2. 微生物作用原油代谢产物的优化

通过以上研究发现原油黏度降低不仅是生物氧化的作用，微生物代谢产物对原油黏度的影响也发挥重要作用，但由于受油层厌氧环境的限制，微生物降解原油过程缓慢，代谢产物较少。可通过优化营养源和提供合适的注气比两种方式促进微生物代谢。

1）不同碳源培养基的优化

单因素实验筛选最佳碳源时，各种处理中不同的碳源含量均为 0.3%，在油藏温度为 45℃、转速为 120r/min 的恒温振荡器中培养，不同的碳源对原油的乳化效果、产酸量、产气量和调控载体的量均不同，其中主要以检测发酵液中脂肪酸的含量和表面张力值来促进微生物降解菌产生代谢产物。

脂肪酸为菌体的初级代谢产物，通过含挥发性脂肪酸的样液，在加热条件下与酸性乙二醇作用生成酯，此酯再与羟胺反应，形成氧肟酸。在高铁试剂存在下，氧肟酸转化为高铁氧肟酸的棕红色络合物，其颜色的深浅在一个较大的范围内与反应初始物挥发性脂肪酸的含量成正比，故可用比色法测定：（1）以 4000~1000r/min 的离心条件，制取发酵样品澄清液；（2）吸取 0.5mL 样液置于试管中（12.5cm×1.5cm），每瓶中准确加入 1.7mL 酸性乙二醇试剂，充分混匀，于沸水塔中加热 3min 后立即以冷水冷却；（3）再加入 2.5mL 羟胺试剂，充分摇匀，放置 1min 后全部倒入盛有 10mL 酸性氯化铁试剂的 25mL 容量瓶内，以蒸馏水定容，充分振荡摇匀；（4）用分光光度计以 500nm 波长测定其光密度。

由图 3-38 和由图 3-39 可见，不同碳源发酵培养基的优化，以蔗糖为碳源测得发酵液中脂肪酸含量最高，以淀粉为碳源测得发酵液的表面张力最低。

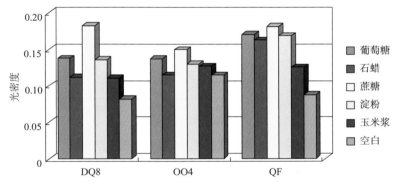

图 3-38　不同碳源对脂肪酸含量的影响

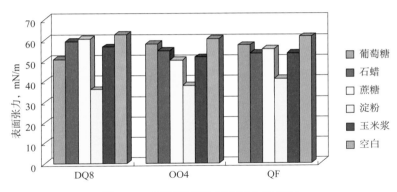

图 3-39　不同碳源对表面张力的影响

　　原油脱水，利用流变仪测得不同碳源作用后原油的流变性比空白原油有明显改善。其中，以玉米浆为碳源，既可以增加发酵液中脂肪酸含量，降低发酵液的表面张力，又能较好地改善原油的流变性，促进降解菌产生代谢产物，尤其是在 5 种碳源中成本最低，可以被广泛应用（图 3-40）。

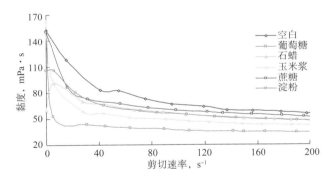

图 3-40　不同碳源对原油流变性变化的影响

　　2）不同注气比优化

　　不同的注气比对原油的乳化效果、产酸量、产气量和调控载体量的影响均不同，主要以检测发酵液中脂肪酸的含量来优化微生物降解菌产生代谢产物的注气条件。脂肪酸的含量与光密度成正比，通过注气比例优化，气液比为 4:1 时，发酵液中检测到较高的脂肪酸含量（图 3-41）。

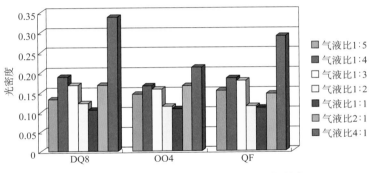

图 3-41　不同注气比对脂肪酸含量的影响

原油脱水，利用流变仪测得不同气液比的原油流变性变化，气液比为 4∶1 时，改善原油流变性的效果也较好（图 3-42）。

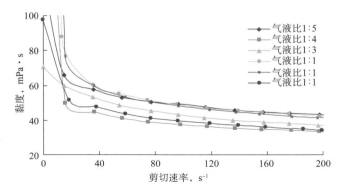

图 3-42　不同气液比对原油流变性的影响

三、微生物降解原油产甲烷过程及调控

1. 微生物降解产甲烷过程中群落结构变化分析

1）油藏产出液菌系中细菌的菌群组成

通过聚合酶链式反应—变性梯度凝胶电泳（PCR-DGGE）的方法对油藏产出液富集培养的细菌菌群进行分析，如图 3-43 所示[9-10]。图中 B1—B5 和 B13 分别代表来自加烃富集培养了 154 天、253 天、333 天、413 天、477 天和 749 天的样品，B11 代表的是培养了749 天的不加烃对照。

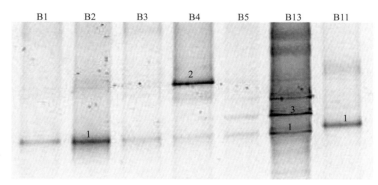

图 3-43　油藏产出液富集培养中细菌的 PCR-DGGE 指纹图谱

1—热乙酸菌 *Moorella* 属；2—Candidate division OP8；3—热厌氧杆菌 *Gelria* 属

条带测序结果表明，分别存在着属于厚壁菌门（Firmicutes）的细菌类型，条带 1 为热乙酸菌 *Moorella* 属，条带 3 为热厌氧杆菌 *Gelria* 属。同时，条带 2 测序表明属于 Candidate division OP8。从图谱中可以看到，随着培养时间的延长，细菌菌群出现了一定程度的变化。其中，条带 1（*Moorella* 属）存在于所有样品的条带中，包括不加烃对照。然而，条带 3（*Gelria* 属）却只出现在加烃富集培养后期的样品中。

在 B1 样品中，只有 19 个克隆，可将其分成 4 个操作分类单元（OTU）（图 3-44）。

系统发育分析表明，在 19 个克隆中，B1-B-65 含有 15 个克隆，约占总数的 78.9%，该 OTU 序列与属于热袍菌科（Thermoanaerobacteraceae）的 *Moorella glycerini* 有 95% 的相似性。一般认为 *Moorella* 属这类细菌是嗜热且严格厌氧的微生物，其生长温度范围为 40~70℃，最适生长温度为 55~60℃，可以发酵产生乙酸，但并不产生氢气。在 B1 样品的细菌克隆文库中，其他细菌克隆分别属于热脱硫菌科（Thermodesulfobiaceae）（B1-B-62 含有 2 个克隆，占 10.5%）、钩端螺旋体科（Leptospiraceae）（B1-B-33 含有 1 个克隆，占 5.3%）和拟杆菌纲（Bacteroidetes）（B1-B-73 含 1 个克隆，占 5.3%）。其中，B1-B-62 与胜利油田油污染土壤富集的可厌氧降解十六烷产甲烷体系中的细菌克隆 B312109 有 100% 的相似性，同时也与可降解原油并产甲烷菌群中的未培养克隆 L55B-93 完全相似。

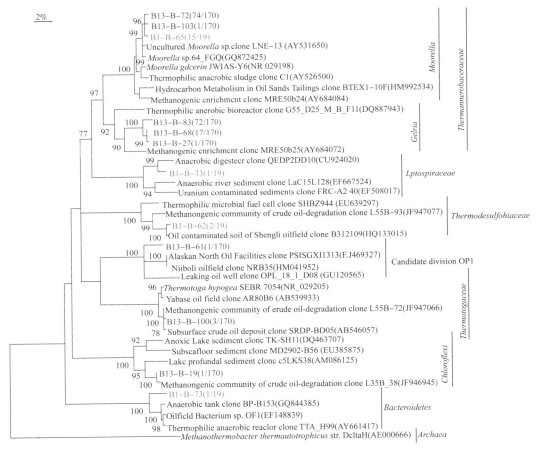

图 3-44　油藏产出液加烃富集培养样品（B1 和 B13）中细菌的系统发育进化树

B13 样品中的细菌菌群组成要更为多样，共有 170 个克隆进行序列分析，分成 8 个 OTU（图 3-44）。在 B13 的细菌克隆文库中，主要是以两类属于厚壁菌门（Firmicutes）的细菌为主，其中一种类型为 *Gelria* 属，它与嗜热的严格厌氧共生菌 *Gelria glutamica* 有着高度的相似性，主要包含了 3 个 OTU（B13-B-83、B13-B-68 和 B13-B-27），共代表了 90 个克隆，约占 B13 克隆总数的 52.9%。而另外一种类型为 *Moorella* 属，主要包含 2 个 OTU（B13-B-72 和 B13-B-103），代表了 75 个克隆，占总数的 44.1%。其他细菌类型主要包括栖热袍菌科（Thermotogaceae）（B13-B-100 含 3 个克隆，占 1.8%）、绿弯菌纲（Chloroflexi）（B13-B-19 含 1 个克隆，占 0.6%）以及 Candidate division OP1（B13-B-61 含 1 个克隆，占 0.6%）。其中，B13-B-100 与高温地下石油沉积物中存在的细菌克隆 SRDP-BD05 有 99% 的相似性，与中高温降解石油烃产甲烷菌富集培养中存在的未培养克隆 L55B-72 有 99% 的相似性，并与从油井中分离到的 *Thermotoga hypogea* strain SEBR 7054 有 98% 的相似性。热袍菌门（Thermotogae）类的细菌是一种嗜热并严格厌氧的微生物。B13-B-19 属于绿弯菌门（Chloroflexi），它与中高温下降解石油烃产甲烷菌富集培养中的未培养细菌克隆 L35B_38 有 100% 的相似性。B13-B-61 的细菌类型为 Candidate division OP1，它主要与来自含油环境的未培养菌有着很大的相似性。

2）油藏产出液菌系中古菌的菌群组成

与细菌的菌群相比，油藏产出液菌系中古菌菌群结构的多样性要更高。在 B1 样品中，一共有 90 个克隆进行测序，并在 97% 的相似水平分成了 16 个 OTU，稀缺性分析指出克隆文库的覆盖率可以达到 91.1%，具有很好的代表性（图 3-45）。

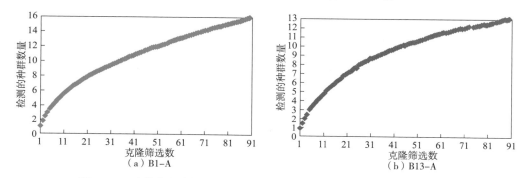

图 3-45　油藏产出液加烃富集培养样品（B1 和 B13）中古菌的稀缺性曲线

系统进化分析显示（图 3-46），在 B1 样品的古菌克隆文库中，近似有 45.6% 的克隆（41 个）属于甲烷八叠球菌目（Methanosarcinales）甲烷八叠球菌科，目前已知的甲烷八叠球菌目主要包括乙酸营养型和甲基营养型两类产甲烷菌。在 B1 样品中的甲烷八叠球菌目主要类型为嗜甲基的产甲烷菌属（*Methanomethylovorans*）菌，包括 3 个 OTU（B1-A-64、B1-A-41 和 B1-A-103），其中 B1-A-64 与在日本高温 Niiboli 油田的产出液中识别到的未培养克隆 NRA 亲缘性为 99%，B1-A-41 和 B1-A-103 与降解氯乙烯培养中的未培养克隆 KB-12 分别有 98% 和 99% 的相似性，这类型古菌属于甲基营养型产甲烷菌，可以甲胺作为底物利用，但却不能利用氢气和二氧化碳、甲酸或乙酸。而属于甲烷杆菌目（Methanobacteriales）和甲烷微菌目（Methanomicrobiales）的两类产甲烷菌，在 B1 样品中存在的丰度很低，分别有 2 个和 3 个单克隆的 OTU，占古菌克隆总数的 5.5%，其中属于甲烷杆菌目的 B1-A-36 与来自胜利油田油污染土壤中的未培养克隆 A1499 有 99% 的相似性，这类菌属于氢营养型产甲烷菌；属于甲烷微菌目的 B1-A-23 与从厌氧降解丙酸产甲烷的体系中分离到的菌株 Methanolinea tarda NOBI-1 有 98% 的相似性，这种古菌可以利用氢气、甲酸产生甲烷。在其余的古菌类型中，有 48.9% 的古菌克隆属于未分类广古菌门（Euryarchaeota）和泉古菌门（Crenarchaeota），大部分克隆与来自油藏和油污染环境的 16S rRNA 基因序列有着很近的亲缘关系。

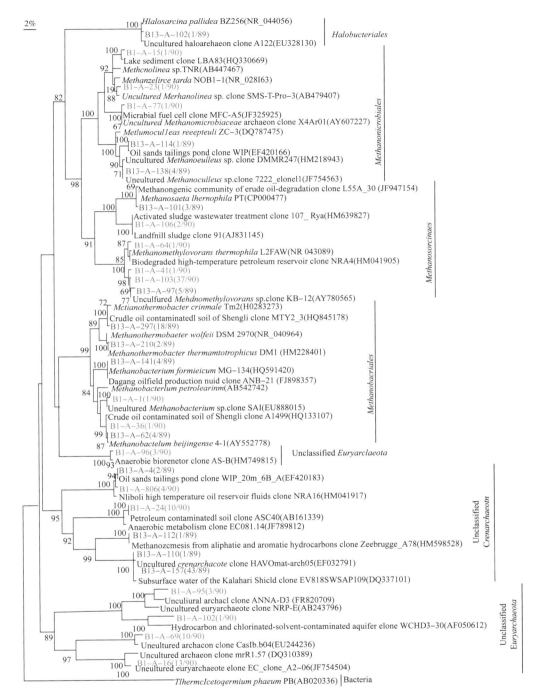

图 3-46　油藏产出液加烃富集培养样品（B1 和 B13）中古菌的系统发育进化树

　　经过 749 天的富集培养（B13），古菌菌群发生了一些变化（图 3-46）。共有 89 个克隆进行测序，并在 97% 的相似水平分为 13 个 OTU，稀缺性分析指出克隆文库的覆盖率为 95.5%。系统进化分析显示，泉古菌门（Crenarchaeota）类型菌在古菌克隆中占优势，共有 47 个克隆，约占总数的 52.8%，这类菌大多是从地下环境中提取到的，或是在烃降解产甲烷菌群中识别到的。其中，B13-A-4 与油砂尾矿池中识别到的未培养克隆 WIP_20m_6B_A 的亲缘性为 99%，属于热变形菌纲（Thermoprotei）；B13-A-112 与烃污染的咸水沉积物中识别到的未培养克隆 Zeebrugge_A78 完全相似。在属于广古菌门（Euryarchaeota）的古菌中以产甲烷菌为主，主要分为甲烷杆菌目（Methanobacteriales）（4 个 OTU 共 28 个克隆，占总数的 31.5%）、甲烷微菌目（Methanomicrobiales）（2 个 OTU 共 5 个克隆，占总数的 5.6%）和甲烷八叠球菌目（Methanosarcinales）（2 个 OTU 共 8 个克隆，占总数的 9.0%）。在甲烷杆菌目（Methanobacteriales）中，有大量的古菌克隆属于甲烷热杆菌属（*Methanothermobacter*），这类菌是嗜热并严格厌氧的氢营养型产甲烷菌。B13-A-297 与胜利油田油污染土壤富集的降解十六烷产甲烷菌群中的未培养克隆 MTY2_3 有 99% 的相似性，与胜利油田油砂中分离到的 *Methanothermobacter crinale* strain Tm2 也有 99% 的相似性；B13-A-210 与大港油田水样中分离到的 *Methanothermobacter thermautotrophicus* strain DM1 亲缘性为 98%；B13-A-141 与高温油藏产出液中识别的未培养克隆 ANB-21 有 99% 的相似性。在甲烷微菌目（Methanomicrobiales）中，有两个 OTU 存在，B13-A-114 与油砂尾矿池中识别到的未培养克隆 WIP 的亲缘性为 99%，B13-A-138 与含油污泥富集烃降解产甲烷菌群中的未培养克隆 7222_clone11 完全相似，它们都与胜利油田产出液中分离到的菌株 *Methanoculleus receptaculi* strain ZC-3 有 98% 的相似性，这类菌可以利用氢气和二氧化碳或甲酸产生甲烷[11]。在甲烷八叠球菌目（Methanosarcinales）中，除了甲基营养型产甲烷菌 *Methanomethylovorans* 属之外（B13-A-97），还存在着乙酸营养型产甲烷菌 *Methanosaeta* 属，B13-A-101 与中高温降解石油烃产甲烷的富集培养中的未培养克隆 L55A_30 有 99% 的相似性。除此之外，在广古菌门（Euryarchaeota）中还存在着一个单克隆的 B13-A-102（占 1.1%），属于嗜盐菌目（Halobacteriales），它与原油污染的盐碱土中识别的未培养克隆 A122 有 99% 的相似性。

3）油藏产出液菌系中菌群结构的变化分析

在油藏产出液作为接种样品的加烃富集培养中，培养初期时（B1 样品，154 天）细菌以热乙酸菌 *Moorella* 属类型为主，这种类型同样也存在于不加烃对照样品 B11 中。相比而言，经过 749 天（B13 样品）的培养，细菌菌群发生了巨大的变化，如图 3-47 所示。除了热乙酸菌 *Moorella* 属类型的细菌一直存在于富集培养样品中外，培养 749 天后又出现了其他类型的细菌，包括热厌氧杆菌（Gelria）、栖热袍菌科（Thermotogaceae）、绿弯菌门（Chloroflexi）以及未培养菌 OP1。据了解，只有很少的研究报道过在油藏产出液中存在热乙酸菌 *Moorella* 属类型的细菌，而油藏产出液中是否存在热厌氧杆菌 *Gelria* 属却几乎没有报道，但是值得注意的是，厚壁菌门（Firmicutes）这类细菌在高温油藏样品以及高温厌氧烃降解产甲烷菌系中尤为常见。此外，在加烃富集培养样品中，也没有识别到任何已知可以在高温条件下厌氧降解烷烃的细菌类型，由此可以推测它们在厌氧烃降解产甲烷过程中起到重要作用。同时，有研究指出烷烃或石油烃厌氧降解产甲烷过程主要涉及产乙酸菌、共生互营菌和产甲烷菌的协同作用，而这一结论也与在加烃富集培养样品中存在的热乙酸菌和热厌氧杆菌类型的细菌相一致。

另一方面，经过 749 天的培养，加烃富集培养样品中的古菌菌群也发生了一定程度的变化。除了 B13-A-4 所代表的类型存在于培养初期 B1 样品（154 天）之外，其余大部分属于泉古菌门（Crenarchaeota）的类型是在培养 749 天后的 B13 样品中检测到的。这个现象说明在高温产甲烷条件下，厌氧烃降解过程的发生使得大量新类型的泉古菌门菌富集。然而，对于泉古菌门类型的古菌是否可以产生甲烷，目前还尚不清楚。因此，可以认为它们可能参与了烷烃共生转化为甲烷的过程，但具体的功能还不确定。特别是不加烃对照中只有很少的泉古菌门类型菌，也可以支持以上的假设。通过序列比对分析，在加烃富集培养样品中所检测到的泉古菌门类型古菌基本上属于热变形菌纲，但是与已知的纯培养菌株相似性却很低。

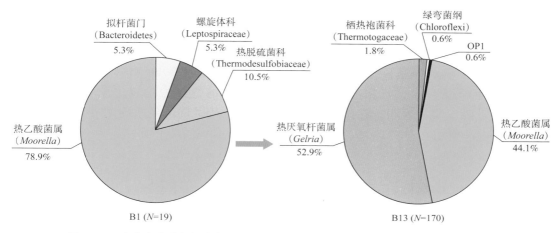

图 3-47　油藏产出液加烃富集培养样品（B1 和 B13）中细菌菌群结构的动态变化

2. 油藏微生物降解原油产甲烷的途径

烷烃厌氧降解产甲烷过程是由多种类型的微生物共同作用来完成的，而当产甲烷前体（包括甲酸、乙酸、氢气和二氧化碳）完全被产甲烷菌等利用或存在于非常低的浓度时，整个降解过程在热力学上才是可行的。烷烃厌氧转化为甲烷的途径主要包括乙酸分解产甲烷、乙酸共生氧化以及二氧化碳还原产甲烷，而在油藏中则是以二氧化碳还原产甲烷过程为主。如图 3-48 所示，在油藏产出液富集培养的烃降解产甲烷菌群中，产甲烷菌发生了相当大的改变，从以甲基营养型或乙酸营养型产甲烷菌为主转化成为以氢营养型产甲烷菌为主。这个结果也说明，烷烃可能被降解为甲酸、乙酸和氢气，之后再发生乙酸共生氧化过程产生氢气和二氧化碳，最后被氢营养型产甲烷菌利用产生甲烷。

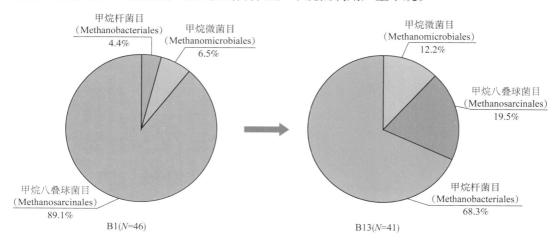

图 3-48　油藏产出液加烃富集培养样品（B1 和 B13）中产甲烷菌的动态变化

3. 微生物产甲烷过程调控方法的设计及效果分析

对下述不同时期进行控制：在微生物降解原油产酸初期，通过分析不同因素的影响，为厌氧发酵细菌提供良好的培养条件；在发酵液中有机酸、醇等含量大量增加阶段，适当控制硫酸盐还原菌和硝酸盐还原菌氧化作用，防止脂肪酸等代谢产物的积累；在产甲烷阶段，添加甲烷菌需要的营养物质，提高甲烷菌数量和活性，增强甲烷菌对生长底物的竞争能力。

1）培养基不同起始 pH 对产气量的影响

通过分析不同因素对产甲烷初期阶段的影响，调控微生物产甲烷过程。配制不同起始 pH 值产甲烷培养基，加 1g 原油，接种培养 1 天后有少量气体产生，经检测 pH 值为 7.8 时产气量最多，气相色谱分析 15 天后产生的气体为二氧化碳和氮气，同时 pH 值有所下降。实验表明，在添加原油的条件下，产甲烷菌最适启动 pH 值在 7.8 左右，如图 3-49 所示。

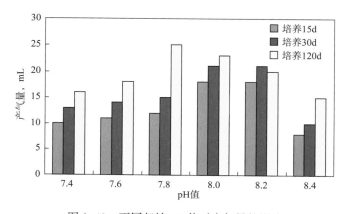

图 3-49　不同起始 pH 值对产气量的影响

大多数产甲烷菌生长最适 pH 值在中性范围，少数产甲烷菌存在于极端环境，pH 值作为限制因子，除了影响厌氧发酵细菌的生长繁殖以外，对其代谢途径、发酵产物组成转化率都有重要作用。实验结果表明，厌氧发酵产甲烷过程中，会产生大量的有机酸，在起始反应阶段，pH 值降幅较大，说明原油降解产生了脂肪酸；经过一段时间的培养，pH 值开始回升，说明所产生的酸类又继续被微生物所利用，如图 3-50 所示。

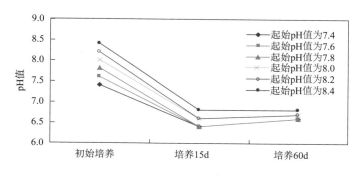

图 3-50　不同起始 pH 值培养液在产气过程中的 pH 值变化

2）添加 NO_3^- 电子受体对起始阶段产气量的影响

培养基中添加一定量的 NO_3^-，作为电子受体，加 1g 原油，培养 15 天，以不含 NO_3^- 培养基为对照，测产气量（图 3-51）。起始阶段，添加 NO_3^-，产甲烷初期阶段产气量降低为未添加时的 1/2。因此培养初期，NO_3^- 不宜添加，培养基应以 NH_4Cl 为无机氮源。

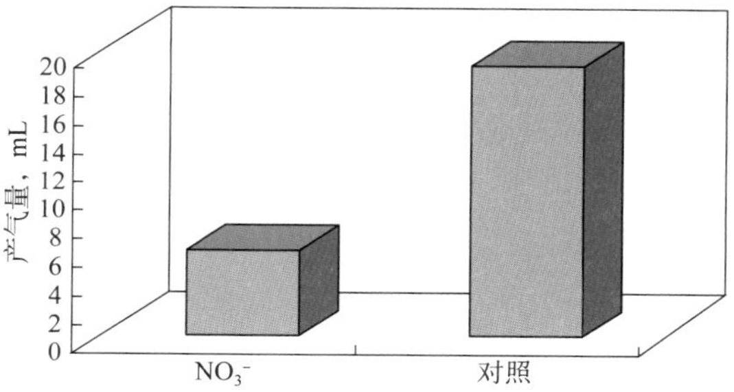

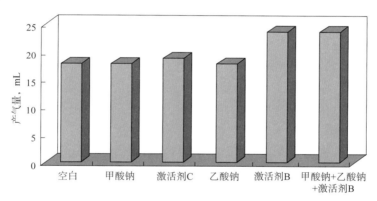

图 3-51　添加 NO_3^- 对产气量的影响

3）添加启动营养物质对产气量的影响

在确定起始最适 pH 值的条件下，培养基中添加微量的甲酸钠、乙酸钠和激活剂 B，对照组不添加任何物质。培养初期添加甲酸钠和乙酸钠测得产气量无变化，而添加激活剂 B 产气量增加 6mL，气相色谱分析为二氧化碳和氮气，均未检测出甲烷，说明激活剂 B 只能被产乙酸菌利用，所产生的乙酸和二氧化碳再被产甲烷菌所利用，产生甲烷。因此，在起始阶段有激活剂 B 存在的条件下，无须再添加甲酸钠和乙酸钠作为甲烷菌的激活物质，如图 3-52 所示。

图 3-52　不同启动物质对产气量的影响

4）添加激活调控剂对微生物产气量的影响研究

（1）激活剂 A 的影响。

激活剂 A 是一种强还原性化合物，是一种较强的除氧剂，吸收氧生成相应的还原剂，保证培养基较低的氧化还原电位，有利于厌氧微生物的快速生长。但是过高浓度的激活剂 A 对微生物常常具有毒性，所以添加不同浓度的激活剂 A 对起始产气量有一定影响，由图 3-53 可知，当激活剂 A 浓度为 0.04% 时可促进厌氧微生物生长，从而提高产气效率。

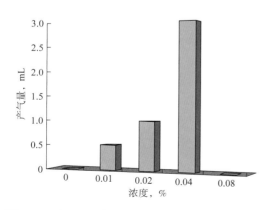

图 3-53　加入不同浓度激活剂 A 对产气量的影响

（2）激活剂 B 和激活剂 C 的影响。

在含有原油的液体产甲烷培养基中添加微量的甲酸钠、乙酸钠、激活剂 B 和激活剂 C。

培养 15 天时，添加甲酸钠和乙酸钠的产气量与对照相比（图 3-54），产气量无明显变化。而添加激活剂 B 产气量有明显增加，所产气体经气相色谱分析均为二氧化碳和氮气。培养 30 天时（图 3-55），添加激活剂 C 的培养基的产气量可达到 33mL，添加激活剂 B 的培养基的产气量可达到 29mL。

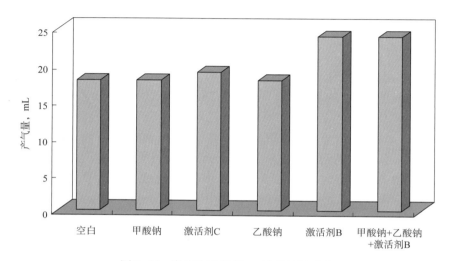

图 3-54　激活实验培养 15 天产气量对比

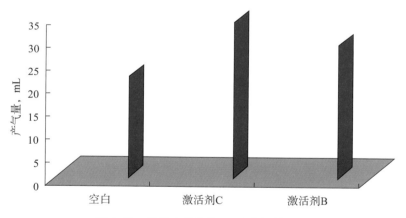

图 3-55　激活实验培养 30 天产气量对比

培养 120 天时（图 3-56），激活剂 C 培养基检测到大量的甲烷，总产气量达到 40mL，而且同时培养的只添加激活剂 C、未添加原油的培养基产气量为 0，说明所产气体应来自原油降解，而非微生物利用激活剂 C 所产生；激活剂 B 培养基也检测到甲烷，总产气量达到 27mL，略高于对照的 23mL，而且同时培养的只添加激活剂 B、未添加原油的培养基产气量为 18mL，并且甲烷含量很低，说明微生物利用激活剂 B 所产生的甲烷很少，添加激活剂 B 后所产生的甲烷应来自原油降解，同时添加激活物质 D 对甲烷的产生也具有促进作用（图 3-57）。

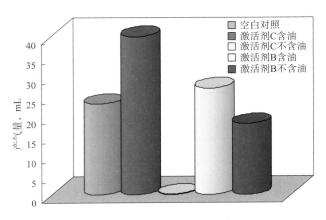

图 3-56　激活实验培养 120 天产气量对比

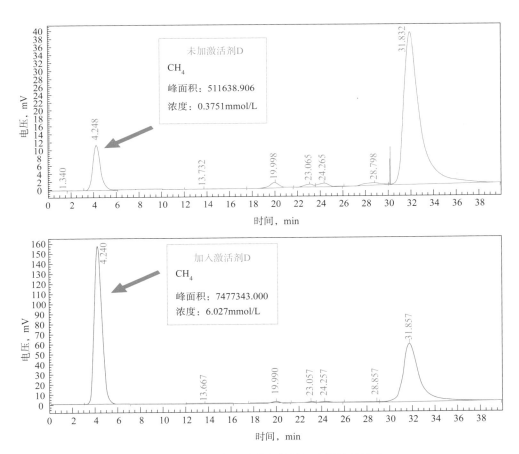

图 3-57　激活剂 D 对微生物降解产甲烷的影响

通过对微生物种群数量研究发现（表 3-25），激活剂 C 的加入使产甲烷菌大量增加；激活剂 B 的加入，使厌氧发酵菌大量增加；甲酸钠和乙酸钠的加入并未使产甲烷菌或厌氧发酵菌有所增加；硫酸盐还原菌的增加未对产甲烷体系产生明显抑制，说明硫酸盐还原菌在产甲烷体系中可能发挥一定作用。

表 3-25　内源微生物种群变化

样品编号	菌数，个 /mL					
	腐生菌（TGB）	烃氧化菌（HOB）	硝酸盐还原菌（NRB）	硫酸盐还原菌（SRB）	厌氧发酵菌（FMB）	产甲烷菌（PMB）
激活剂 C	10^0	10^3	10^1	10^4	10^2	10^5
激活剂 B	10^0	10^3	10^1	10^4	10^5	10^3
激活剂 A	10^3	10^5	10^1	10^1	10^1	10^1
激活剂 D	10^3	10^5	10^2	10^2	10^1	10^1
未加激活剂	10^2	10^3	10^1	10^2	10^1	10^1

从表 3-25 中的厌氧发酵菌（FMB）、产甲烷菌（PMB）和硫酸盐还原菌（SRB）的数量可以看出，激活剂 C 的加入在直接激活产甲烷菌的同时，也激活了硫酸盐还原菌，而激活剂 B 的加入应是先激活了厌氧发酵菌（所需的氧化还原电位高于 SRB），再激活硫酸盐还原菌和产甲烷菌，激活剂 C 先激活产甲烷菌，激活剂 B 后激活产甲烷菌。

同时，加入甲酸钠和乙酸钠后腐生菌的数量明显增长，产甲烷菌并未增长。腐生菌是好氧菌，极其普遍地存在于石油、化工等工业领域的水循环系统中的菌群，在培养基起始氧化还原电位较高的情况下，推测腐生菌更容易先利用甲酸钠和乙酸钠为碳源进行生长代谢，而将其耗尽。

5）添加外源微生物对产气量的影响

在微生物厌氧降解原油体系中，注入不同类型外源微生物，培养后测定所产气体量，研究了外源微生物对原有体系产气量的影响。

添加其他外源微生物后，明显抑制了气体产量，只有厌氧发酵菌（FMB）的添加未受明显影响。其原因可能是由于部分外源微生物的加入，打破了发酵体系中微生物种群的平衡，使发酵液中的营养大量消耗，间接抑制产甲烷菌的生长代谢，如图 3-58 所示。

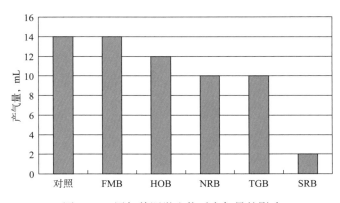

图 3-58　添加外源微生物对产气量的影响

添加厌氧发酵菌后甲烷含量和二氧化碳含量有所上升，分别由 26.482 和 3.994% 提高到 33.817% 和 4.058%，表明添加一定量的厌氧发酵菌有助于微生物对原油的厌氧降解，同时能够提高甲烷产量，如图 3-59 和图 3-60 所示。

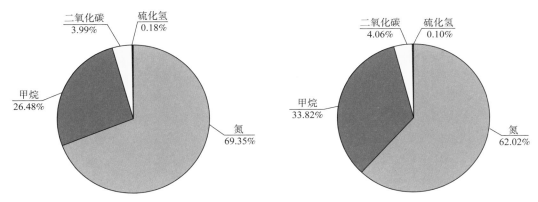

图 3-59 对照样品产气组分分析　　　　图 3-60 添加 FMB 菌样品产气组分分析

6）微生物产气过程中原油物性及气体同位素变化研究

将培养 4 个月后产甲烷体系中的原油收集，离心脱水，进行原油全烃气相色谱分析及族组成变化分析，结果如图 3-61 和图 3-62 所示。

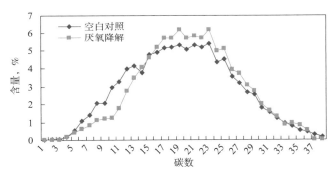

图 3-61 微生物厌氧降解产甲烷过程中全烃变化曲线

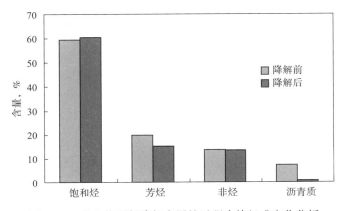

图 3-62 微生物厌氧降解产甲烷过程中族组成变化分析

对原油全烃、族组成变化分析的结果表明，微生物厌氧降解后，原油中 C_5—C_{12} 烷烃相对含量减少，C_{15}—C_{28} 烷烃含量相对增加，芳烃及沥青质成分比例相对降低，如图 3-62 所示。

常用的天然气成因类型鉴别指标有天然气组分、烷烃碳同位素、二氧化碳碳同位素和轻烃参数。其中，碳同位素是判别各类成因天然气最有效和最实用的指标。原油在生物厌氧降解过程中存在着强烈的碳同位素分馏作用，生物气的甲烷碳同位素在各种成因天然气中最轻，因此生物气中甲烷的碳同位素值呈高负值特征，而二氧化碳却显示出异常重的碳同位素值。

对微生物降解原油产生的气体进行了碳同位素变化分析，结果表明，所产生的甲烷碳同位素逐渐变轻，到达第二、第三轮培养周期时已呈高负值，分别达到 –53.13‰、–52.69‰，而二氧化碳的碳同位素则逐渐变重，由 2.11‰升高到 8.59‰，表明所产生的气体为生物成因气，见表 3–26。

表 3–26　天然气组分碳同位素测定结果

检测物	第一轮调控 $\delta^{13}C$，‰	第二轮调控 $\delta^{13}C$，‰	第三轮调控 $\delta^{13}C$，‰
甲烷	–46.54	–53.13	–52.69
二氧化碳	2.11	–1.74	8.59

7）微生物降解原油产甲烷初步调控效果

经过调控，微生物降解原油体系产气量明显上升，经过 5 个月的培养，克原油培养体系产气量提高到 118mL。气体分析表明，甲烷的比例为 70.49%，平均月产甲烷量 16.6mL，与原有未加调控的体系相比，甲烷产量提高了 4 倍（图 3–63）。

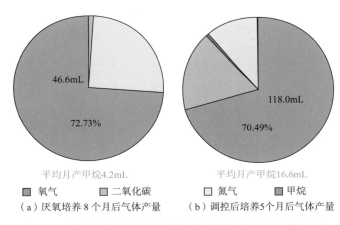

（a）厌氧培养 8 个月后气体产量　　　　（b）调控后培养 5 个月后气体产量

图 3–63　微生物降解原油产甲烷体系调控前后产气效果对比

第四章　内源微生物驱油技术

内源微生物采油技术是利用油藏中原有的微生物群落，通过注水井供给所需的营养剂与空气，同时利用残余油作为部分营养物激活油藏中的微生物群落，促进其在油藏内生长、运移，并产生代谢产物与岩石／原油／水界面相互作用，降低界面张力，改善原油流动性，达到提高原油采收率的目的。近年来，内源微生物驱油技术发展迅速，在室内驱油机理、油藏菌群结构分析、激活剂优选及现场应用方面均有突破，特别是现场实施效果和商业应用已引起国内外石油开采领域的关注与重视[12]。

第一节　内源微生物驱油技术概况

一、俄罗斯和美国微生物驱油技术

俄罗斯对内源微生物采油技术研究得最早，提出了该技术分两阶段：第一阶段促进好氧细菌的活动，形成更多的二氧化碳和有机化合物；第二阶段则是厌氧微生物利用第一阶段的产物，进一步形成甲烷等气体。这种方法在苏联的许多油田进行了应用，使用的营养剂是加有氮、磷矿物盐的充气淡水。1992—2002年，在鞑靼油田和罗马什金油田开展内源微生物驱，累计增油超过 50×10^4t，每注入 1t 糖蜜，增加采油量 4.58t。由于受国内多种因素影响，2002年后俄罗斯很少开展内源微生物采油技术[13]。

20世纪80年代，美国开始内源微生物采油技术研究，并且发展迅速。由美国能源部负责的一项一级现场示范项目在 North Blowhorn Creek 油田开展，通过注入营养液激活内源微生物，选择性封堵多孔地带，使高渗透区的注入水能流向低渗透区，从而提高水驱效率。室内研究方面，通过物理模拟试验，证实加入硝酸盐和磷酸盐能促进内源微生物生长；1994年9月进行矿场试验，注入 KNO_3、NaH_2PO_4 和糖蜜，岩心分析表明，注入的营养物已广泛分布于整个油藏，且有大量细菌存在，产出液分析显示，硫化物含量下降，原因为硝酸盐注入油藏中和硝酸盐还原菌的生化反应抑制了硫酸盐还原菌代谢；试验15口生产井中有8口见到效果，水油比下降，油产量上升。由于美国知识产权保护，现有文献只能查找到美国能源部内源微生物采油技术的早期工作。

二、中国微生物驱油技术

中国在20世纪80年代开始内源微生物采油技术研究。从2009年开始，中国石油勘探开发研究院廊坊分院牵头，依托两期国家"863"重点科技攻关项目，开展内源微生物驱油技术研究，并计划"十三五"继续开展内源微生物采油技术研究工作。

该项目联合多家单位共同开展研究，2011—2015年主要获得以下成果和认识：

（1）北京大学重点开展"内源微生物生态结构分析与功能菌群构建技术研究"。

①建立了油藏内源微生物的分析研究方法，利用末端限制性片段长度多态性（T-RFLP）的分析比较、克隆文库分析、基因芯片、16S rRNA基因高通量测序和原油宏基因组测序技术，对高含水、水驱稠油、聚合物驱后典型油藏共8个区块内源微生物群落结构进行了解析[14-15]。

②通过模拟油藏环境、改善培养条件、实验室驯化等方法，提高微生物可培养性技术手段，从油藏分离培养具有采油功能的菌株50余株。

③以油藏内源微生物群落为基础，通过富集驯化培养，获得适用于油藏的采油功能菌群，并首次利用基因芯片和宏基因组学揭示微生物群落功能及其在驯化过程中的变化规律。

（2）南开大学重点开展"内源微生物营养特征及激活剂研究"。

①建立了内源微生物激活剂筛选和优化方法，通过单因子实验筛选碳源、氮源、磷源和生长因子等成分，利用正交实验或二次回归的旋转中心组合设计对各成分的量进行优化，得到了适用于各试验区块的高效激活体系，例如大庆南二区，乳化型激活剂为0.25%玉米浆干粉+0.15%（NH_4）$_2HPO_4$+0.25%$NaNO_3$，乳化产气型激活剂为0.25%玉米浆干粉+0.5%糖蜜粉+0.15%（NH_4）$_2HPO_4$+0.4%$NaNO_3$。

②建立了内源微生物激活剂效果评价方法，以激活剂成本、激活效果和提高采收率幅度为评价指标，研究表明，室内内源微生物激活后总菌浓达到10^9个/mL以上，新疆六中区现场试验总菌浓达到10^8个/mL以上，烃氧化菌、发酵菌、硝酸盐还原菌和产甲烷菌等功能菌浓度达到10^6个/mL以上[16]。

（3）华东理工大学重点开展"内源微生物及代谢产物与采油效率关系研究"。

①建成一套针对油藏微生物代谢产物分离纯化与制备的装置，配置常压、自动收集、柱分离制备色谱，配合制备型高效液相色谱（HPLC）分离装置，实现了重要代谢物质的分离、纯化、制备。

②建立了生物表面活性剂的分子量指纹图谱，利用GC-MS法测定脂肪酸和氨基酸，以氨基酸确定脂肽总量、以脂肪酸确定各成分的比例，分析糖、羟基脂肪酸、氨基酸连接顺序以及检测脂肽、鼠李糖脂的分子量，通过指纹图谱得出脂肽、糖脂的结构。该指纹图谱是目前国际上唯一的鼠李糖脂和脂肽的指纹图谱。

③建立了内源微生物代谢产物的定性与定量、产物分子结构解析的成套方法，完成了胜利、华北、新疆、大庆、大港等油田的代谢产物分析，获得气相成分、小分子酸、长链脂肪酸等生物表面活性剂及难挥发成分的信息。

（4）中国石油集团科学技术研究院重点开展"内源微生物采油油藏评价技术研究"。

①确定的油藏筛选标准，全面考虑了影响微生物生长的油藏静态参数（地层温度、渗透率、原油黏度、含蜡量、胶质沥青质含量、矿化度）和油藏本身内源微生物的数量，能够量化评价油藏对于内源微生物驱的适合度。

②形成《内源微生物驱物理模拟实验方法》，精确了各实验步骤。

③完善了内源微生物驱数学模型，并运用了渗流场—微生物场耦合理论对内源微生物驱油机理进行了定量描述，体现了各组分浓度分布的变化规律和微生物群落间的

级联代谢过程。

（5）新疆油田中低温油藏微生物驱研究和胜利油田中高温油藏微生物驱油技术开展现场试验，新疆油田在六中和七中两个区块进行内源微生物驱现场试验，六中试验区产量自然递减明显减缓，考虑自然递减累计增油达 3921t，阶段提高采收率达 3.3%；七中试验区累计增油 17375t，阶段提高采收率 2.4%。

大庆油田依托国家"863"计划（2009AA063504）和中国石油科技重点项目（2016B-1106）的支持，开展了前期室内研究，并于 2011—2015 年在萨南油田南二东Ⅰ类油层进行了聚合物驱后油藏内源微生物驱油现场试验。

第二节　内源微生物群落结构解析及激活剂的筛选与评价

一、聚合物驱后油藏内源微生物群落结构解析与分布特征

1. 内源微生物群落结构解析实验方法建立

1）实验区块

大庆油田采油一厂某区块在聚合物驱后期一直进行注水作业，以产出液作为回注水进行循环操作。

2）水样的采集

该实验主要对其中的 5 口注水井和 8 口采油井的微生物群落结构进行分析，5 口注水井分别为注 1、注 2、注 3、注 4 和注 5，8 口采油井分别为采 1、采 2、采 3、采 4、采 5、采 6、采 7 和采 8。其中，注 2 为返排取样，反映注水井近井地带微生物菌群情况，其余各井均为井口取样。用灭菌的塑料桶采集水样后，密封，4℃保存，在 48h 内处理。

3）水样 DNA 的提取

将水样于 4℃ 8000r/min 离心 15min 得到菌体，采用玻璃珠研磨—酶法—化学法相结合的方法提取基因组。具体操作步骤为：离心所得菌体重悬于 1mL 裂解缓冲液（0.05mol/L Tris，0.04mol/L EDTA，0.1mol/L NaCl，pH 值 8.0）中，加入 0.3g 直径 0.1mm 玻璃珠，4800r/min 涡旋 1min，冰浴 1min，反复 3 次。加入溶菌酶（终浓度 10mg/mL），轻轻混匀，于 37℃ 保温 1h，然后加入 100μL 20% SDS，混匀后 65℃保温 30min 后，加入与上清液等量的酚—氯仿—异戊醇（25:24:1）溶液抽提蛋白，反复抽提直至中间没有明显的蛋白层为止，将上清液转移到新离心管中，加入 0.6 倍体积的异丙醇溶液，室温静置 30min，于 4℃ 10000r/min 离心 15min，弃上清液，加入 1mL 70% 乙醇洗涤，离心、沉淀风干后，溶于适量 TE 缓冲液（10mmol/L Tris，1mmol/L EDTA，pH 值 8.0）中，用 0.7% 的琼脂糖凝胶电泳检测所提取的基因组。

4）水样微生物中细菌和古菌 16S rDNA 高可变区的扩增

细菌和古菌的 16S rDNA 高可变区片段分别使用引物 1055f/1406r-GC 和引物 46f/1017r、344fGC/522r 扩增，引物序列见表 4-1。具体的 PCR 步骤如下：

表 4-1　细菌和古菌 16S rDNA 通用引物

类型	引物名称	引物序列	目的片段
细菌	1055f	5′-ATG GCT GTC GTC AGC T-3′	细菌 16S rDNA V6~V8 高可变区，约 390bp
	1406r-GC[①]	5′-ACG GGC GGT GTG TAC-3′	
古菌	46f	5-YTA AGC CAT GCR AGT-3′	古菌 16S rDNA 片段，约 1000bp
	1017r	5′-GGC CAT GCA CCW CCT CTC-3′	
	Arc344f-GC	5′-HGC AGC AGG CGC G-3′	古菌 16S rDNA V3 高可变区，约 210bp
	Univ522r	5-GWA TTA CCG CGG CKG CTG-3	

① 1406r-GC 为一段约 40bp 的富含 GC 的序列，序列组成为：5′-CGC CCG CCG CGC CCC GCG CCC GTC CCG CCG CCC CCG CCC-3′。

（1）细菌 16S rDNA V6~V8 高可变区扩增。

使用引物 1055f/1406r-GC 进行扩增，反应体系为 50μL［5μL 10×Buffer、2μL dNTP Mixture（各 10mmol/L）、0.5μL 正向引物（20μmol/L）、0.5μL 反向引物（20μmol/L）、20ng DNA 模板和 0.5U Taq DNA 聚合酶］，采用 Touch Down PCR，反应条件为：94℃预变性 5min，94℃变性 45s，退火 45s，72℃延伸 90s（退火温度从 60℃降至 52℃，共 20 个循环），之后再进行 15 个循环（94℃变性 1min，55℃退火 1min，72℃延伸 3min），72℃后延伸 10min，4℃终止。

（2）古菌 16S rDNA V3 高可变区扩增采用巢式 PCR 扩增目的片段，分两步进行。

①扩增出古菌 16S rDNA，使用古菌 16S rDNA 通用引物 46f 和 1017r，扩增反应体系为 50μL［5μL 10×Buffer、2μL dNTP Mixture（各 10mmol/L）、0.5μL 正向引物（20μmol/L）、0.5μL 反向引物（20μmol/L）、20ng DNA 模板和 0.5U Taq DNA 聚合酶］，PCR 条件为：94℃预变性 5min，94℃变性 45s，50℃退火 45s，72℃延伸 90s，30 个循环，72℃后延伸 10min，4℃终止。

②以①中的 PCR 产物为模板，使用引物 Arc344f-GC 和 Univ522r 扩增 16S rDNA V3 高可变区片段，扩增反应体系同①，采用 Touch Down PCR，反应条件为：94℃预变性 5min，94℃变性 45s，退火 45s，72℃延伸 90s（退火温度从 65℃开始下降，每个循环降 0.5℃，共 20 个循环），之后再进行 15 个循环（94℃变性 1min，55℃退火 1min，72℃延伸 1min），72℃后延伸 10min，4℃终止。PCR 产物用 2.0% 琼脂糖凝胶电泳检测。

5）变性梯度凝胶电泳（DGGE）

利用 Dcode™ 通用突变检测系统（Universal Mutation Detection System）进行 DGGE 分析。细菌 16S rDNA V6~V8 高可变区的 DGGE 条件为：6% 聚丙烯酰胺凝胶，40%~60% 的变性剂浓度范围（100% 的变性剂为 7mol/L 尿素和 40% 去离子甲酰胺的混合物），DNA 上样量为 200ng，缓冲液为 1×TAE，60℃恒温，160V 恒压条件下电泳 3.5h。古菌 16S rDNA V3 高可变区的 DGGE 条件为：10% 聚丙烯酰胺凝胶，35%~55% 变性剂梯度，60℃恒温、200V 恒压条件下电泳 4.5h。电泳结束后，用 10mg/L EB 染色 15min，脱色，通过 Bio-Rad 凝胶成像系统成像，使用 Quantity One 软件对图像进行分析。

6）目的条带的回收及测序

将目的片段所在的凝胶切下，使用聚丙烯酰胺凝胶回收试剂盒（日本 Bioflux 公司）

回收，再次用对应的不带"GC"的 16S rDNA 高可变区引物扩增，然后按适当的比例连接到 pMD19-T 载体（日本 Takara 公司）上，转入大肠杆菌 DH5α 感受态细胞，筛选插入片段正确的克隆，送至北京三博远志生物公司测序。

7）聚类分析

所测的序列在 GenBank 数据库中通过 Blast 进行比对，得到其最相似种属信息，将所测序列与其最相似序列用软件 Clustal X1.81 排序，生成的序列文件经格式转化后，使用 MEGA4.0 软件中的 Neighbor joining 算法和 Kimuratwo-parameter 模型构建系统发育树，进行序列间同源性分析。

8）主成分分析（PCA）

根据各个样品的 DGGE 图谱，用 SPSS16.0 软件对各井微生物群落结构进行主成分分析。

2. 内源微生物群落结构解析结果与分析

1）地层概况

该区块油层属于碎屑岩类储油层，岩性以细砂岩、细粉砂岩和泥质粉砂岩为主，油层平均温度为 42.4℃。原油属石蜡基型，含蜡量为 26%~29%，含胶量为 13%~16%，原油密度为 0.856g/cm³，黏度为 8.75mPa·s，凝点为 23.9℃。根据滴定法、离子色谱法及电感耦合等方法分析得到地层采出液的化学组成（表 4-2）。

表 4-2　油水采出液的化学组成

离子种类	Na^+	Cl^-	Ca^{2+}	Mg^{2+}	Mn^{2+}	Ac^-	NO_3^-	PO_4^{3-}	SO_4^{2-}	HCO_3^-
浓度，mg/L	508.7	2030	4.85	42.5	0.048	39	1.1	1.6	9.9	380

2）样品采集

通过不同的取样方法进行样品采集。注水井中注 2 为返排取样，用于近井地带微生物群落结构分析；其余注水井通过井口采样，反映注入水注前微生物的群落结构；采出液通过井口采样，反映采油井内部菌群结构。所取样品最终将会反映出该区块从注水井口到注水井内部近井地带，再到采油井内部近井地带微生物的分布情况。

3）DGGE 分析

提取的基因组经电泳检测后，分别使用相应的引物扩增细菌和古菌的 16S rDNA 高可变区序列，琼脂糖凝胶电泳验证大小及浓度，进行 DGGE 分析。

（1）细菌群落结构分析。

扩增得到的细菌 16S rDNA V6~V8 高可变区片段长约 350bp，DGGE 图谱如图 4-1 所示。从图 4-1 中可以看出，除注 2 之外，其余 4 口注水井的 DGGE 图谱在条带数量以及优势条带的种类上非常相似。系统进化分析表明，检出的细菌分别属于 β-变形菌纲（Betaproteobacteria）和 γ-变形菌纲（Gammaproteobacteria），以假单胞菌属（*Pseudomona*，band B1，相似性 98%）和不动杆菌属（*Acinetobacter*，band B2，相似性 98%）为优势种群。而返排取样井注 2 与其他 4 口注水井的种群差异较大，优势种属主要为肠杆菌属（*Enterbacter*，band B7，相似性 99%），肠杆菌为异养兼性厌氧菌，有报道称其能降解聚丙烯酰胺以及在厌氧条件下发酵产氢。与注水井相比，采油井的细菌种类更具多样性，不同采油井之间的菌群结构差异也比较大，优势菌群也不尽相同。中心采油井采 1 和采 2 的细菌群落结构较为相似，以陶厄氏菌属（*Thauera*，band B19，相似性99%）、梭菌纲（Clostridia，band B18，相似性 98%）、假单胞菌属（*Pseudomona* band B22，相似性 99%）和油杆菌属（*Petrobacter*，band B23，相似性 99%）为主，其他各采油井的优势细菌有假单胞菌属、不动杆菌属和未培养细菌，不动杆菌属是中温油藏中常见的细菌，具有产乳化剂及降解长链烷烃的功能，而假单胞菌属的许多种也都具有烃降解或产生表面活性剂和小分子物质的功能，某些菌株还具有聚丙烯酰胺降解功能，在聚合物驱油藏中广泛存在。梭菌纲细菌为专性厌氧发酵菌，在无氧条件下可利用复杂的碳水化合物产氢、产乙酸及其他小分子有机物，为产甲烷菌的生长提供底物，促进其生长代谢。这些功能微生物的存在表明，该油藏具有很好的微生物驱油潜力。

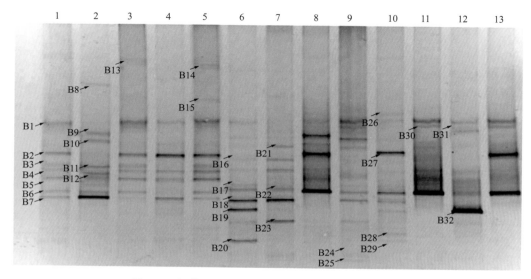

图 4-1　细菌 16S rDNA V6~V8 高可变区 DGGE 图谱

1—注 1；2—注 2；3—注 3；4—注 4；5—注 5；6—采 1；7—采 2；8—采 3；9—采 4；10—采 5；11—采 6；12—采 7；
13—采 8；B1~B32—进行序列分析的条带

DGGE 分析结果表明，从注水井口到注水井近井地带再到采油井，优势细菌菌群依次为好氧型细菌、兼性厌氧型细菌以及严格厌氧型细菌，与溶解氧浓度的变化趋势一致。而DGGE 分析表明，好氧型细菌不动杆菌属和假单胞菌属也存在于采油井中，这些菌虽然在无氧条件下生长受抑制，但是细胞可能尚未裂解，因而在后续检测中被发现。

（2）古菌 16S rDNA V3 高可变区的 DGGE 分析。

从 DGGE 图谱（图 4-2）可以看出，相对于细菌来说，注水井之间和采油井之间的古菌无论是种类还是分布都非常稳定。根据系统发育信息得知（图 4-3），与检测到的各序列最相似的古菌主要有甲烷鬃菌属（*Methanosaeta*）、甲烷杆菌属（*Methanobacterium*）、甲烷螺菌属（*Methanospirillum*）、甲烷微菌属（*Methanomicrobium*）、泉古菌门（Crenarchaeota）以及未培养古菌。注水井中的菌群比较单一，为甲烷鬃菌属（band A1、A6、A8 和 A9，相似性 100%），但在采油井样品中未检测出；而注入水中含量较少或未检出的甲烷杆菌属（band A5，相似性 100%）、甲烷微菌属（band A7，相似性 98%）及甲烷螺菌属（band A16和 A11，相似性 99%）则在采油井中成为优势菌群，采出液中同时还检测到一些未培养古菌（band A18、A19 和 A20）。

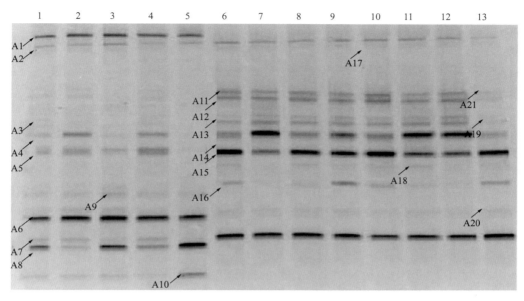

图 4-2　古菌 16S rDNA V3 高可变区 DGGE 图谱

1—注1；2—注2；3—注3；4—注4；5—注5；6—采1；7—采2；8—采3；9—采4；10—采5；11—采6；12—采7；
13—采8；A1~A21—进行序列分析的条带

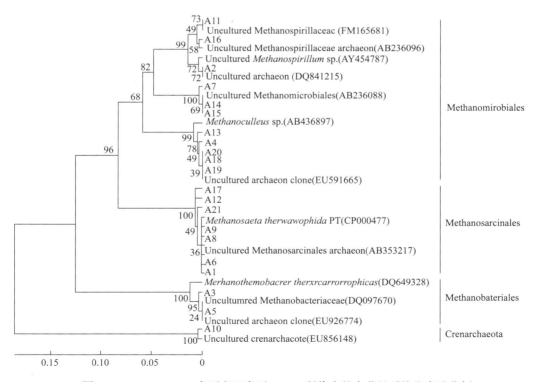

图 4-3　16S rDNA V3 高可变区序列 DGGE 所代表的古菌的系统发育进化树

注水井中的优势菌甲烷鬃菌属只能利用乙酸盐为底物产甲烷，而采油井的优势菌群甲烷微菌属、甲烷螺菌属和甲烷杆菌属均可以氨作为唯一氮源，以硫化物作为硫源，利用 H_2/CO_2 代谢产甲烷，不能利用乙酸盐生长。注水井和采油井中古菌结果的稳定状态表明，该区块各井中的古菌已适应了所处的地质环境，注水井之间和采油井之间并无大的差别，仅仅是注水井和采油井存在差异。

油藏深处的厌氧环境利于严格厌氧的产甲烷菌生长，同时在采油井内部存在的梭菌等厌氧发酵细菌代谢产生的小分子物质或 H_2 也会促进产甲烷菌的生长增殖。而注水井及注水井近井地带为有氧环境，并不具备严格厌氧的产甲烷菌生长所需要的条件，却检测到了这类微生物，这是由于 DGGE 方法是直接提取环境样品基因组进行分析，既可以检测到环境样品中的活菌（可培养的和不可培养的），也可以检测到一些未降解的死菌。采出液经处理后回注，来自油藏深处的产甲烷菌（细胞如未裂解，相似性100%）、甲烷微菌属（band A7，相似性98%）和甲烷螺菌属（band A16 和 A11，相似性99%）则在采油井中成为优势菌群，采出液中同时还检测到一些未培养古菌（band A18、A19 和 A20）。

4）细菌和古菌群落结构的主成分分析

该研究借助 SPSS16.0 软件，对各样品的古菌和细菌群落结构进行主成分分析，以便更直观地反映两类微生物的分布特征，结果如图 4-4 和图 4-5 所示。从中可以看出，无论是细菌还是古菌，注水井和采油井之间的微生物群落组成差异显著，而各注水井之间和采油井之间的差异较小，表明影响油藏微生物种类及分布的关键因素来自注水井和采油井之间的差异，包括地层水理化性质的影响以及地层条件的差异，例如溶解氧浓度和氧化还原电位大小等因素的影响。

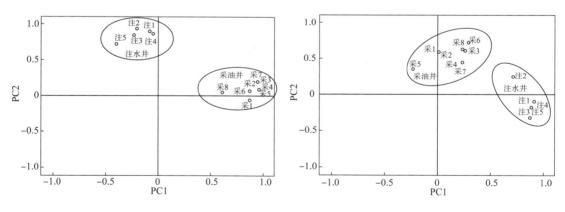

图 4-4　古菌群落结构的 PCA 分析　　　　图 4-5　细菌群落结构的 PCA 分析

二、内源微生物激活剂的筛选及其激活效果

1. 内源微生物激活剂的筛选及激活实验方法

1）材料与试剂

（1）实验材料：大庆油田聚合物驱后油藏注入水和采出水，取样后密封，40℃保存。

（2）实验试剂：糖蜜（可溶性总糖含量大于50%，多种维生素、多种氨基酸等）来自天津化工经销部，磷酸氢二铵、硝酸钠、酵母粉等化学试剂均为国产分析纯。

（3）仪器设备：756MC 紫外可见分光光度计（上海菁华设备有限公司），电感耦合等离子体发射光谱仪 ICP-900（N+M）（美国 Thermo 公司），MyCycler PCR 仪（美国 Bio-Rad 公司），Dcode™ 通用突变检测系统（美国 Bio-Rad 公司），LHZ-180 恒温振荡器（江苏太仓市实验设备厂）。

2）实验方法

（1）地层水理化性质分析：分别参考标准 JY/T 015—1996《感耦等离子体原子发射光谱方法通则》和《水质无机阴离子（F⁻、Cl⁻、NO₂⁻、Br⁻、NO₃⁻、PO₄³⁻、SO₃²⁻、SO₄²⁻）的测定　离子色谱法》（HJ 84—2016）检测注入水及采出水中的离子浓度。

（2）水样微生物基因组的提取及古菌和细菌 16S rDNA 克隆文库的构建：利用研磨法—酶法相结合的方法提取水样微生物的基因组，提取的基因组用 0.5% 的琼脂糖凝胶检测。以基因组为模板，分别用细菌和古菌的通用引物（表 4-3）扩增 16S rRNA 片段，用于克隆文库的构建。

表 4-3　细菌及古菌 16S rRNA 基因片段通用引物

16S rRNA 基因	通用引物	片段大小	bp
细菌	27f	5′-AGAGTTTGATCTGGCTCAG-3′	约 1500
	1541r	5′-AAGGAGGTGATCCAGCC-3′	
古菌	21f	5′-TTCCGGTTGATCCYGCCGGA-3′	约 900
	915r	5′-TGCTCCCCGCCAATTCT-3′	

将扩增得到的片段经连接转化后，通过蓝白斑筛选阳性克隆，使用 T 载体通用引物 M13-20（CGACGTTGTAAAACGACGGCCAGT）和 RV-P（GGAAACAGCTATGACCATGATTAC）扩增质粒上的外源片段，然后用 4 碱基的限制性内切酶进行酶切分型（细菌 Hae Ⅲ和 Hinf I，古菌 Afa I 和 Hha I）。综合各阳性克隆的酶切图谱类型，将所有的阳性克隆分成若干个 OTU，统计各个 OTU 所含阳性克隆的数目，计算文库的覆盖率和各个文库的稀缺性曲线，估算文库的库容及完备性。每个操作分类单元选取 1~3 个克隆进行测序，得到的序列在 GenBank 中进行比对，寻找其相似性最高的序列，从而得到样品中的微生物种属信息。

（3）激活剂的筛选：根据油藏地层水的离子组成以及微生物种群信息，添加碳源、氮源、磷源及生长因子以满足内源微生物生长所需.初步选择的激活剂组成为糖蜜、硝酸盐、磷酸盐和酵母粉，以总菌浓度（CFU/mL）及原油乳化效果为指标，初步验证激活剂的作用效果。

（4）激活剂的优化。

①单因子实验：针对激活剂的 4 个组分设计不同梯度的添加量，根据微生物总菌数的变化及原油的乳化效果进行评价，可以得到较好的激活内源微生物的基础激活剂体系。

②正交实验：为了使激活剂最大限度地发挥作用，同时结合现场应用的成本等因素，在单因子实验的基础上通过正交实验对各营养物质成分配比进一步优化，以得到更为适宜的激活剂配方。

（5）激活剂对内源微生物激活效果评价：地层水中添加优化后激活剂，分别进行好氧培养和厌氧培养，针对激活前后油藏地层水中内源微生物群落数量的变化（包括烃氧化菌、硫酸盐还原菌、硝酸盐还原菌、发酵菌及总菌浓）、原油乳化作用及厌氧条件下培养产气三方面分析，评价激活剂在好氧阶段和厌氧阶段的作用效果。

2. 内源微生物激活剂的筛选及其激活效果与分析

1）试验井组油水性质及内源微生物分析

（1）试验井组油水理化性质分析：由表 4-4 可见，该区块注入水和采出水中的离子浓度均较低，特别是微生物生长需要的氮、磷源均未检测到。

表 4-4　采出液中的无机盐离子检测结果

离子种类	离子含量，mg/L	
	油田注入水	油田采出液
K^+	未检出	未检出
Na^+	21.13	885.9
Ga^{2+}	122.4	65.69
Mg^{2+}	31.15	17.73
Mn^{2+}	0.17	未检出
NO_3^-	未检出	未检出
PO_4^{3-}	未检出	未检出
SO_4^{2-}	4.1	10.1

（2）试验井组微生物群落分析：通过构建 16S rDNA 克隆文库，对注入水和采出水中的微生物群落结构进行分析，注入水和采出水中的优势细菌和古菌种群见表 4-5。

表 4-5　注入水和采出水中的细菌和古菌群落结构

克隆文库	克隆数	OTU	覆盖率	多样性指数	部分 OTU 的最相似种属信息（来自 GenBank 数据库）及其在克隆文库中所占的比例
注入水细菌文库	189	83	65.6%	0.9615	*Acinetobacter junii*（AB101444）（99%）（16.49%） *Acidovorax* sp.（Y18617）（5.32%） *Asticcacaulis excentricus*（AB016610）（94%）（4.80%） *Anaerovorax* sp.（EU498382）（3.19%）
采出水细菌文库	184	22	92.93%	0.7666	未培养细菌（AY197406）（96%）（33.70%） 未培养细菌（AY340831）（99%）（33.24%） 未培养细菌（AB186804）（98%）（14.13%） 未培养的 *Sulfurospirillum* sp.（DQ234133）（98%）（1.63%） *Clostridium* sp.（AB093546）（99%）（0.54%） *Thauera* sp.（AM231040）（96%）（3.26%）
注入水古菌文库	117	18	93.16%	0.6896	*Methanosaeta thermophila* PT（CP000477）（98%）（51.72%） *Methanosarcina barkeri*（CP000099）（98%）（18.97%） 未培养的 Methanosarcinales archaeon（AB353217）（98%）（0.86%） 未培养的 *Methanospirillum* sp.（AY692060）（97%）（0.86%）
采出水古菌文库	124	15	94.35%	0.7343	*Methanosaeta thermophila* PT（CP000477）（98%）（27.42%） 未培养的 Methanosarcinales archaeon（AB353217）（98%）（41.94%） *Methanolinea tarda*（AB162774）（96%）（3.23%） 未培养的 *Methanosaeta*（EU888815）（92%）（0.81%） 未培养的 *Crenarchaeote*（AB353218）（98%）（1.61%）

细菌文库分析表明，注入水中的细菌多样性远远高于采出水，但是优势菌群较少，主要为 *Acinetobacter junii*（16.49%），*Acidovorax* sp.（5.32%）和 *Anaerovorax* sp.（3.19%）；而采出水中优势菌群多为未培养细菌，占整个文库比例的 82.07%，同时还检测到陶氏菌

属（*Thauera* sp.）（3.26%）、未培养的硫黄单胞菌属（*Sulfurospirillum* sp.）（1.63%）和梭状芽孢杆菌（*Clostridium* sp.）（0.54%）。

古菌文库分析表明，注入水和采出水中检测到的古菌除极少量泉古菌门（Crenarchaeota）之外，均为产甲烷古菌，其中包含大量未培养古菌。注入水中除未培养古菌之外，其余均属于甲烷微菌纲，占总数 70% 以上，优势菌群为乙酸型产甲烷菌 *Methanosaeta thermophila* PT（51.72%）和 *Methanosarcina barkeri*（18.97%），而采出水中的优势菌群为 *Methanosaeta thermophila* PT（27.42%）和未培养的甲烷八叠球菌目古菌（Methanosarcinales archaeon）（41.94%），甲烷八叠球菌目（Methanosarcinales）可以甲基化合物为唯一碳源产生甲烷。

综上所述，地层水中检测到常见的采油菌 *Acinetobacter* sp.，据报道该属的某些菌可以降解石油烃或产乳化剂乳化原油；还有可利用碳水化合物产酸产气的 *Acidovorax* sp. 和 *Clostridium* sp.，这些细菌代谢产生的小分子有机酸类物质又可为乙酸型或甲基营养型产甲烷菌提供底物，促进产甲烷菌生长产气，这些微生物的存在表明该区块具有实施内源微生物采油的潜力。同时检测到了一些采油有害菌，例如 *Sulfurospirillum* sp.，这类菌可以利用地层水中的硫酸盐代谢产生硫化氢，进而引起油品质量下降及管道腐蚀等问题。

2）内源微生物激活配方的筛选

（1）主激活体系的选择：糖蜜作为速效碳源在内源微生物采油中已有应用，由于富含大量可溶性糖、维生素和多种氨基酸类物质，即可促进好氧微生物生长，厌氧微生物也可利用糖蜜为底物产酸产气，因此兼顾了油藏微生物从好氧到厌氧阶段的营养需求。而离子分析表明，地层水中缺乏微生物生长所必需的氮、磷源，菌群分析发现地层水中存在硫酸盐还原菌，可以通过添加硝酸盐抑制其生长，因而选择硝酸盐和可同时提供氮、磷源并对激活体系 pH 值具调节作用的磷酸盐为无机盐成分。由此，选择的主激活体系为糖蜜 + 硝酸盐 + 磷酸盐，同时添加少量的酵母粉作为生长因子，各个组分的具体添加量通过后续试验确定。

（2）糖蜜浓度对内源菌激活作用的影响：添加不同浓度糖蜜至含 2% 原油的地层水中，42℃振荡培养 7 天。结果表明，添加不同浓度的糖蜜可提高内源菌浓度，并且随着糖蜜浓度的增加，激活作用也有所增强，当糖蜜浓度达到 0.6% 以上时，内源菌浓度较原始地层水可提高两个数量级，同时对原油的乳化作用明显（表 4-6）。

表 4-6　糖蜜浓度对内源菌激活作用的影响

实验号	糖蜜，%	菌浓，CFU/mL	原油乳化
1	1.5	9.1×10^5	＋＋＋＋
2	1.2	6.9×10^5	＋＋＋＋
3	0.8	5.5×10^5	＋＋＋
4	0.6	3.13×10^5	＋＋＋
5	0.4	8.8×10^4	＋＋
6	0.2	0.65×10^4	＋
7	地层水	0.15×10^4	－

注：＋＋＋＋表示原油明显地被乳化，形成微小的乳化小油珠，原油溶解在基质中；＋＋＋表示原油较为明显地被乳化，原油基本溶解在基质中，但瓶壁挂有油花；＋＋表示大部分原油被乳化，但瓶壁挂有部分未乳化的原油；＋表示原油稍有乳化。

（3）硝酸盐、磷酸盐及酵母粉对内源菌激活作用的影响：当糖蜜浓度为 1% 时，分别添加不同浓度的硝酸盐、磷酸盐及酵母粉到地层水中，加入 2% 原油，42℃振荡培养 7 天。由表 4-7 可以看出，不同浓度的硝酸盐、磷酸盐及酵母粉的添加均对内源菌有激活作用，并且随各营养物质浓度的提高，激活作用有所增强。当硝酸盐浓度高于 0.2%、磷酸盐浓度高于 0.1%、酵母粉浓度达到 0.02% 时，功能菌作用增强，原油乳化明显。

表 4-7　硝酸盐、磷酸盐和酵母粉对内源菌激活作用的影响

实验号	糖蜜，%	硝酸盐，%	磷酸盐，%	酵母粉，%	菌浓，CFU/mL	原油乳化
1	1.0	0.4			7.5×10^6	+++
2	1.0	0.3			5.1×10^6	+++
3	1.0	0.2			5.4×10^6	+++
4	1.0	0.1			0.84×10^6	++
5	1.0		0.3		4.71×10^6	+++
6	1.0		0.2		4.5×10^6	+++
7	1.0		0.1		3.8×10^6	+
8	1.0		0.05		0.43×10^6	+
9	1.0			0.06	6.6×10^6	++++
10	1.0			0.04	6.8×10^6	++++
11	1.0			0.02	4.8×10^6	+++
12	1.0			0.01	1.6×10^6	++
13	地层水				0.61×10^4	−

（4）以糖蜜为营养主体的激活剂配方优化：通过单因子实验，确定了 4 个组分的浓度范围，以此为基础，设计 4 因素（4 种组分）3 水平（3 个浓度梯度）正交实验，对激活剂中各组分的添加量进行了优化，试验结果见表 4-8。依据各因素的极差值得知，在整个营养体系中，对实验结果影响最大的是糖蜜，其次是酵母粉和磷酸盐，最次是硝酸盐。通过对各因素的变化趋势和因素之间的交互作用进行分析，最终得到最优激活体系：糖蜜 0.6%，磷酸盐 0.08%，硝酸盐 0.6%，酵母粉 0.01%。

表 4-8　激活剂配方正交实验结果

实验号	糖蜜，% A	硝酸盐，% B	磷酸盐，% C	酵母粉，% D	原油乳化效果	菌浓 CFU/mL	pH 值
实验 1	1.2	0.12	0.6	0.06	—	0.94×10^7	8.0 以上
实验 2	1.2	0.08	0.3	0.03	+	2.12×10^7	8.0
实验 3	1.2	0.04	0.1	0.01	—	1.49×10^7	8.0 以上
实验 4	0.8	0.12	0.3	0.01	+	0.834×10^7	8.9
实验 5	0.8	0.08	0.1	0.06	++	0.285×10^7	7.7
实验 6	0.8	0.04	0.6	0.03	+++	0.47×10^7	7.0
实验 7	0.4	0.12	0.1	0.03	++	2.49×10^7	7.7

续表

实验号	糖蜜，% A	硝酸盐，% B	磷酸盐，% C	酵母粉，% D	原油乳化效果	菌浓 CFU/mL	pH 值
实验 8	0.4	0.08	0.6	0.01	+	4.47×10^7	7.2
实验 9	0.4	0.04	0.3	0.06	+	0.97×10^7	7.2
实验 10（空白）	0.0	0.0	0.0	0.0	—	4×10^3	8.0

3）内源微生物激活效果分析

（1）激活前后内源微生物数量的变化：往地层水中添加优化后的激活剂激活内源微生物，利用最大似然数法（Most Probable Number，MPN）对激活后发酵液中的烃氧化菌、硝酸盐还原菌、硫酸盐还原菌及发酵菌激活前后生长情况进行检测，结果见表 4-9。油田地层水经采用优化的激活剂配方激活培养后，总菌浓和有益内源微生物群落都有显著提高。总菌浓激活前为 6.5×10^4 个 /mL，激活后达到 1.32×10^8 个 /mL，提高了 4 个数量级。有益菌烃氧化菌由激活前的 10^1~10^2 个 /mL 提高到激活后的 10^4~10^5 个 /mL；有益菌硝酸盐还原菌由激活前的 10^1~10^2 个 /mL 提高到 10^4~10^5 个 /mL；有益菌硫酸盐还原菌激活后未检出。激活前后微生物数量的变化表明，该激活剂可以较好地激活有益菌群，同时有效地抑制采油有害菌群生长。

表 4-9　激活前后功能微生物的变化

项目	羟氧化菌，个 /mL	硝酸盐还原菌，个 /mL	硫酸盐还原菌，个 /mL	发酵菌，个 /mL	总菌浓，个 /mL
激活前	10^1~10^2	10^3~10^4	10^1~10^2	10^3~10^4	6.5×10^4
激活后	10^4~10^5	10^5~10^6	未检出	10^6~10^7	1.32×10^8

（2）油田地层水激活过程中的原油乳化分析：地层水中添加激活剂及原油，42℃恒温振荡培养 10 天后，原油明显地被乳化，形成微小的乳化小油珠，分散于发酵液中，形成稳定的悬浊液（图 4-6），表明激活剂的添加可以有效地促进地层水中产乳化剂功能菌的生长代谢产生乳化剂，进而将原油乳化，对于残余油的采出具有很好的应用潜力。

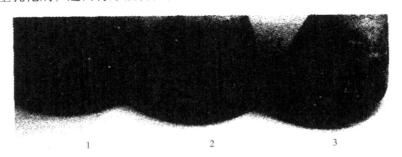

图 4-6　激活过程中的原油乳化状态

1—对照；2—无机盐营养（硝酸盐 0.2%、磷酸盐 0.15%、酵母粉 0.05%）；

3—糖蜜营养（糖蜜 0.6%、磷酸盐 0.08%、硝酸盐 0.6%、酵母粉 0.01%）

（3）地层水厌氧激活过程中的产气分析：地层水添加激活剂后装入 20mL 的密封管，加入 0.5% 原油作为唯一的碳源，在 Bugbox 型厌氧工作站培养 2 周，产气量为 3~15mL，用气相色谱法定性检测甲烷气体，检测到甲烷含量为 1.03%，甲烷的存在验证了内源微生物的好氧和厌氧菌循环生物链和代谢机理。在培养 3 个月和 6 个月时分别对气体组分进行了检测，检测到甲烷含量分别为 26.156% 和 72.731%（表 4–10）。

表 4–10　内源微生物厌氧激活产生的气体组分及变化

培养时间，d	氮气，%	甲烷，%	二氧化碳，%	氧气，%	密度，g/cm³
初始	75.18	0	2.76	22.06	1.29
14	93.33	1.03	6.67	0	1.25
90	49.438	26.156	24.405	0	1.4377
180	25.729	72.731	1.443	0	0.6768

三、内源微生物激活剂的性能评价

1. 内源微生物激活剂的性能评价实验方法建立

1）实验材料

实验用油样为大庆油田聚合物驱油层模拟油，黏度为 8.0mPa·s（45℃）；水样为聚合物驱油层注入污水；岩心为天然岩心，横截面半径 2.5cm，长 10cm，空气渗透率为 1000mD；激活剂为室内筛选的聚合物驱油藏内源微生物专用激活剂。

2）实验仪器

实验仪器包括：平流泵、压力传感器、岩心加持器、手摇泵、中间容器、恒温箱、不锈钢高压容器（容积 500mL，压力表 2.5MPa）和注入泵等。岩心样品分析采用电镜观察和在 454 Life Sciences Genome Sequencer FLX Titanium platform 平台上进行 PCR 焦磷酸测序。

3）实验方法

（1）激活剂的产气实验：用聚合物驱油层注入污水配制聚合物驱油藏内源微生物激活剂，配制好后装入不锈钢高压容器，装满后拧紧盖，连接压力表，置于 45℃恒温箱静置培养 37~45 天，记录不同时间压力的变化。

（2）激活剂驱油效果评价实验。

①抽真空：首先将烘干后的天然岩心称重，再将称重的岩心抽真空，在 –0.1MPa 下抽真空 5h 后结束。

②饱和水：用聚合物驱油层注入水饱和岩心，测量出饱和水后的质量，计算出岩心的孔隙体积和孔隙度。饱和水的天然岩心放置在恒温室，45℃老化润湿 12h。

③饱和油：将原油经脱水后用煤油调至黏度为 8.0mPa·s，然后饱和油，驱替使饱和地层水的岩心原油饱和度达到 70% 左右为止。饱和后的天然岩心放置在恒温箱中老化 24h。

④水驱：将饱和油后老化好的岩心进行水驱，水驱至 2PV 的地层水，当含水 98% 以上时，结束水驱。

⑤聚合物驱：注入 0.5PV 聚合物段塞后，进行后续水驱跟进，当含水 98% 以上时，

结束驱替实验，评价聚合物驱效果。

⑥注入激活剂：注入 0.35PV 的激活剂后，关闭模型，放置恒温室 45℃培养 37~45 天。

⑦后续水驱：水驱含水 98% 以上时结束，评价驱油效果。

（3）内源微生物激活前后菌群结构变化：用 0.22μm 水系滤膜（ϕ50mm）收集 200~250mL 水样中的微生物，滤膜被剪碎后根据 FastDNA® 土壤基因组 DNA 提取试剂盒（MP Biomedicals 公司）的说明提取微生物的基因组 DNA。基于细菌和古菌 16S rRNA 基因 V3~V6 可变区，采用通用引物进行 PCR 扩增，分别构建同一个样品细菌和古菌焦磷酸文库。利用百泰克多功能 DNA 纯化回收试剂盒（BioTeke，中国）分别回收细菌和古菌的 PCR 扩增产物。纯化后的 PCR 扩增产物被送至天津南开大学泰达生物技术研究院进行测序分析，对比激活前后主要功能菌（群）的变化特点。

（4）激活剂驱油现场应用：用现场的注入水在搅拌罐中配制激活剂溶液，浓度 1.80%。考虑到作用的有效期及经济成本，方案设计的注入激活剂溶液总量为 6000m³（0.022PV）。在不影响试验区油水井正常生产及井组注采平衡的情况下，监测激活剂溶液注入油层后的作用效果。

2. 内源微生物激活剂的性能评价结果与分析

1）激活剂产气实验

产气是通过注入激活剂激活油藏内源微生物驱油的重要机理之一。油层中的内源微生物利用注入的营养剂代谢产生气体能将地层压力升高，促使气体在原油中进行有效增容，形成气泡使原油膨胀，带动原油流动的同时还将毛细孔道中的原油驱赶出来，进一步提高油层渗透率，因此有必要对激活剂激活内源微生物产气过程的特点进行分析。

由图 4-7 可见，密闭容器中加入激活剂静置培养 60 天后，产气增压幅度达到 2MPa。从升压曲线变化可以看出，内源微生物产气分成两个阶段。第一阶段初期（7 天内），此时压力快速升高，其间内源微生物中的好氧菌先被激活，产生大量的二氧化碳气体，注入水中携带的溶解氧被迅速消耗殆尽。7 天后压力值上升开始平稳，只有很小的波动，厌氧发酵菌群处于稳定的渐增期，利用激活剂中剩余的营养物质以及好氧菌产生的有机

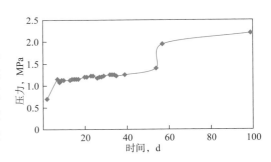

图4-7 内源微生物激活后密闭容器压力变化

酸等代谢产物继续产生二氧化碳、氢气等气体。第二阶段为激活后的第 57 天，经过长时间缓慢上升后压力值突然升高，分析认为是油藏中的产甲烷菌被激活，它利用好氧菌、厌氧发酵菌等代谢积累产生的甲酸、乙酸、甲醇等物质快速厌氧代谢产生甲烷的结果。上述产气增压曲线变化表明：激活剂在激活内源微生物过程中具有好氧—厌氧两阶段的产气特点。

2）激活剂激活内源微生物驱油的效果评价

为验证激活剂激活内源微生物的驱油效果及作用机理，开展了天然岩心驱油的物理模拟实验。实验油样为聚合物驱油层模拟油，水样为聚合物驱油层注入污水，采用天然均质岩心。按照驱油的物理模拟实验流程操作，当聚合物驱驱替结束后，注入 0.35PV 的激

活剂溶液后关闭模型，在 45℃下静置培养 37~55 天之后，进行后续水驱至驱替实验结束，结果见表 4–11。

表 4–11 内源微生物物理模拟驱油实验结果

岩心编号	空气渗透率 mD	岩心类型	含油饱和度，%	水驱采收率，%	聚合物驱采收率，%	实验方案（0.35PV 活化系统）	微生物驱采收率，%	最终采收率，%
29	1007	天然均质	71.1	36.6	15.9	模拟油 8.0mPa·s（45℃），注入污水，培养观察 37d，模型见产气	4.6	57.2
47	1049	天然均质	65.5	48.5	8.3		3.2	60.1
128	1207	天然均质	71.4	50.6	10.0	模拟油 8.0mPa·s（45℃），注入污水，培养观察 55d，模型见产气	2.2	62.8
149	1280	天然均质	70	52.7	10.3		3.8	66.8
95	970	天然均质	64.6	50.3	8.9	模拟油 8.0mPa·s（45℃），注入污水，培养观察 40d，模型见产气	2.6	62.4
83	972	天然均质	65.7	52.2	11.5		2.2	65.9
平均			68.1	48.5	10.8		3.1	62.5

表 4–11 给出了激活剂在质量浓度为 1.8%、用量为 0.35PV 的条件下，天然岩心物理模拟驱油可提高采收率 3 个百分点以上，且在静置培养过程中有明显的产气增压效果。这表明该激活剂不仅能够激活聚合物驱后油藏中的内源微生物，而且代谢产生有利于驱油的物质，用于进一步提高采收率是可行的。

将物理模拟驱油实验结束后的天然岩心从夹套中取出，用镊子在不同截面处夹取碎片，然后用电子扫描电镜进行观察，如图 4–8 所示。在天然岩心注入激活剂后，观察到岩心孔隙中的内源微生物生长繁殖的菌体及其代谢产物，其中大量菌体均匀地充填在岩石的孔道中，致使岩心从注入到采出各端处没有明显差异。这种在油藏岩石孔隙中"原位"扩增的微生物菌体局部聚集，并产生代谢产物，一定程度上起到封堵高渗透条带、扩大波及体积的作用和效果，是其他常规的物理化学驱油方法所不具备的。

 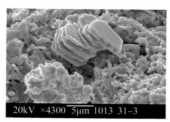 

（a）岩心入口端　　　　　　（b）岩心中部　　　　　　（c）岩心出口端

图 4–8 注激活剂后内源微生物在岩心中的生长情况

通过扫描电镜还观察到在不同岩石矿物的表面和孔隙中的微生物及其代谢产物吸附滞留量存在一定差异。其中，长石表面的吸附滞留量最多，石英表面几乎没有菌体吸附，而黏土矿物、高岭石表面的吸附滞留量较大，伊利石表面覆盖的多是微生物的代谢产物，菌体稀少。因此，可根据不同区块的油藏物性及内源微生物群落结构和组成，选择性激活优势菌群，形成有特色的激活剂配方，这一研究思路可能是利用油藏自身微生物驱油技术发展的主要方向。

3）激活剂激活内源微生物的菌群结构变化

利用 16S rRNA 基因的焦磷酸测序方法，对获得的原始序列经过如下步骤进行优化：

（1）目标序列长度为 200~1000bp。

（2）模糊碱基数量低于 6bp。

（3）必须有质量文件且序列质量高于 25。

（4）碱基同聚体的数量低于 6bp。

（5）引物没有错配碱基。

序列进行比对分析，按照相似性分为不同的门、纲、目、科和属，按照 97% 的相似性定为一个 OTU 0.03。基于 OTU 0.03 水平分别计算各样品细菌和古菌群落的香农威纳指数（Shannon–Weiner Index）、辛普森指数（Simpson Index）、Chao1 指数和 Good's Coverage 指数，以此对比分析天然岩心油藏物理模拟驱油的驱替液中加入激活剂前后内源微生物群落的变化，其特点主要表现为：

（1）在添加激活剂后，微生物群落的多样性明显降低，如激活后细菌 NGF1-B 的 OTU 0.03 数量为 65，明显低于激活前细菌 N-DQW-B 的数量 413；激活后古菌 NGF1-A 的 OTU 0.03 数量为 28，明显低于激活前古菌 N-DQW-A 的数量 131；激活后细菌和古菌的多样性指数（香农威纳指数和辛普森指数）均比现场前要低（表 4-12）。但所有微生物群落的 Good's Coverage 指数均高于 0.95，表明本次样品测序深度能够代表完整的微生物群落。

表 4-12 细菌和古菌焦磷酸测序序列和多样性信息

样品名称	优化后序列量	检测到 OTU 0.03 数量	Chao1 指数	Good's Coverage 指数	香农威纳指数	辛普森指数
N-DQW-B（细菌）	4125	413	1194	0.96	4.29	0.96
NGF1-B（细菌）	4494	65	279	1.00	1.67	0.57
N-DQW-A（古菌）	1448	131	313	0.95	2.50	0.72
NGF1-A（古菌）	3330	28	42	1.00	0.56	0.19

（2）比较激活前后细菌群落的变化趋势，激活前样品中富含大量的梭状芽孢杆菌纲（Clostridia）、β - 变形菌纲（Betaproteobacteria）、ε - 变形菌纲（Epsilonproteobacteria）和 γ - 变形菌纲（Gammaproteobacteria）[图 4-9（a）、图 4-9（b）]，其中不动杆菌属（*Acinetobacter*）和产碱菌科（Alcaligenaceae）中的无色杆菌属（*Achromobacter*）为已报道具有烷烃降解功能的微生物。而添加富营养的激活剂后，发酵菌梭状芽孢杆菌纲（Clostridia）中的栖热类杆菌属（Coprothermobacter）增长较多得到富集。

（3）比较激活前后古菌群落的变化趋势，激活前样品中的优势古菌为甲烷微菌纲（Methanomicrobia）中嗜乙酸的甲烷鬃菌属（*Methanosaeta*），而激活后甲烷杆菌纲（Methanobacteria）中嗜氢的甲烷热杆菌属（*Methanothermobacter*）成为绝对优势菌 [图 4-9（c）、图 4-9（d）]，推测该现象可能是由于激活出的细菌梭状芽孢杆菌纲（Clostridia）中的栖热类杆菌属（Coprothermobacter）发酵产生较多的氢气。

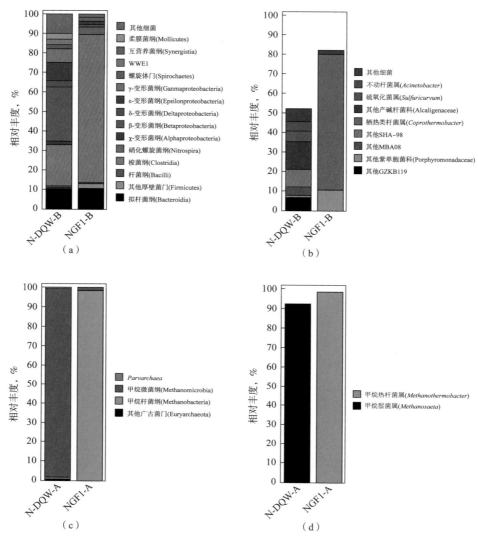

图 4-9　天然岩心注激活剂前后细菌和古菌群落丰度变化图

（a）和（b）分别基于纲和属（相对丰度高于 4%）水平的细菌群落；
（c）和（d）分别基于纲和属（相对丰度高于 4%）水平的古菌群落

第三节　内源微生物驱油技术监测分析

大庆油田自 1995 年聚合物驱油工业化推广应用以来，已进入聚合物驱后续水驱区块 83 个，采出程度 56.1%，仍有近一半地质储量残留地下，而且这部分储量仍是优质地质储量。因此，这项技术对聚合物驱后油藏进一步提高采收率的开发潜力巨大。

本项目于 2012—2013 年分两轮开展了激活内源微生物驱油现场试验，并对试验过程进行了动态跟踪监测。在此基础上分析了聚合物驱后油藏激活内源微生物驱油过程中的动态变化特点与驱油效果之间的内在联系，为后续扩大试验规模及现场原位调控激活油藏微生物工艺提供可借鉴的经验。

一、试验区概况与实施工艺

1. 试验区概况

试验区位于萨南开发区南二区东部 4 号注入站，由 1 口注入井（南 2-2-P40）与 4 口采油井（南 2- 丁 2-P40、南 2-2-P140、南 2-2-P141 和南 2- 丁 3-P40）构成一个 1 注 4 采试验井组，并选取 8 口观察井，如图 4-10 所示。试验区面积 0.12km²，注采井距 250m，开采葡 I 1-4 油层，平均单井砂岩厚度 14.3m，有效厚度 9.2m，地质储量 15.9×10⁴t，孔隙体积 27.26×10⁴m³，平均有效渗透率 414mD，油层温度 44.6℃，原始地层压力 11.66MPa，饱和压力 7.5MPa。

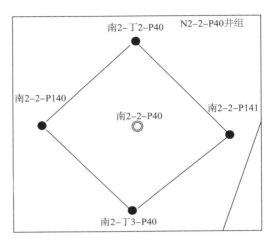

图 4-10   南二东 1 注 4 采井位图

试验区注入水与地层产出液矿化度分别为 6130mg/L 和 4540mg/L，pH 值分别为 8.35 和 8.30；原油含蜡量为 30.7%，地面原油密度为 0.8491g/cm³，地面原油黏度为 21.0mPa·s，原始油气比为 45.3m³/t，体积系数为 1.118；天然气相对密度为 0.6606，CH_4 含量为 85.6%，CO_2 含量为 0.78% 等。试验前该区块已后续水驱 6 年半，综合含水率为 96.1%，采出程度达 61.89%，剩余油主要集中在葡 I 3 和葡 I 4 油层，为典型的"双高"（特高含水和特高采出程度）开采阶段。

2. 实施工艺

根据试验方案设计，第一轮施工时间为 2011 年 8 月 5 日至 2012 年 4 月 30 日，其间共注激活剂溶液 5588m³，浓度为 1.34%，单井注入速度为 80~130m³/d。为保证激活剂发挥作用功效，现场实施过程中，在注激活剂前加入了聚合物（部分水解聚丙烯酰胺）保护段塞，采用分子量为（1600~1900）×10⁴、浓度为 2000mg/L 的中分聚合物溶液 2418m³，与激活剂连续交替注入，并使激活剂与地层水隔离，保证激活剂浓度在油层流动过程中不受损失。首轮药剂注入量为 8006m³，折算为 0.0293PV。

第二轮施工时间为 2012 年 12 月 23 日至 2013 年 4 月 26 日，其间共注激活剂溶液 10023m³，激活剂浓度为 1.34%，单井注入速度为 80~130m³/d，并与 3390m³ 浓度为 2000mg/L 聚合物溶液连续交替注入，次轮药剂注入量为 13413m³，折算为 0.0492PV。两轮激活剂总量为 15605m³，保护剂总量为 5808m³，合计液量为 21413m³，折算为 0.0785PV。

二、内源微生物驱油技术监测效果分析

1. 原位激活前后油藏微生物菌群的变化

采用分子生物学方法监测了两轮激活过程中微生物菌群动态变化。随着激活剂的依次注入，在注水井中优势微生物菌群变化没有规律，但在 4 口采油井中 β - 变形菌纲（Betaproteobacteria）中的索氏菌属（*Thauera*）和氢噬胞菌属（*Hydrogenophaga*）及 γ - 变形菌纲（Gammaproteobacteria）中的假单胞菌属（*Pseudomonas*）和不动杆菌属（*Acinetobacter*）

的丰度明显增大，成为主要优势微生物菌群，表现出有规律性的交替演变，与采油井增油相关性较高，如图4-11所示。其中，假单胞菌属（Pseudomonas）和不动杆菌属（Acinetobacter）能够以烷烃类碳氢化合物为底物生长产生表面活性剂，索氏菌属（Thauera）以原油中的苯和短链烷烃为电子受体，产生大量生物气（$C_7H_8+7.2NO_3^-+7.2H^+ \longrightarrow 7CO_2+3.6N_2+7.6H_2O$），这几类菌群是定向激活目标功能菌。

对比注入井中加入激活剂前后细菌群落变化，可以看出主要分布在变形菌门（Proteobacteria）、厚壁菌门（Firmicutes）、拟杆菌门（Bacteroidetes）、其他细菌（Other Bacteria）和螺旋体门（Spirochaetes）中，细菌群落分布与变化没有规律。而在4口采油井中细菌群落变化较大，激活前 α-变形菌纲、β-变形菌纲和 ε-变形菌纲的细菌具有优势，激活后 γ-变形菌纲的细菌逐步占据优势，部分样品丰度大于90%，随后 γ-变形菌纲的细菌丰度逐渐降低，β-变形菌纲占据优势，第二轮也与第一轮监测结果具有相同的变化特点。

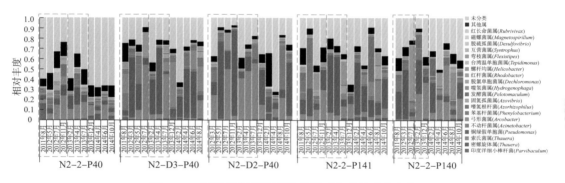

图4-11　试验区细菌类群及其相对丰度的动态变化

监测过程中还发现，采油井与注入井中加入激活剂之前古菌群落分布非常相近。优势古菌主要由甲烷鬃菌属（Methanosaeta）和甲烷绳菌属（Methanolinea）组成，并含有丰度较低的甲烷杆菌属（Methanobacterium）、甲烷球菌属（Methanococcus）、甲烷囊菌属（Methanoculleus）、甲烷叶菌属（Methanolobus）、泉古菌门（Crenarchaeota）以及一些未培养古菌。其中，甲烷鬃菌属（Methanosaeta）的最适生长温度均在33~50℃之间，只能以乙酸盐为底物发酵产甲烷，甲烷绳菌属（Methanolinea）专以 H_2+CO_2 为底物发酵产甲烷，在注入井和采油井中均有分布，是定向激活的目标功能菌。未培养古菌也占一定比例，如果能在实验室条件下对其进行纯培养，这对于微生物驱油将会有非常重要的意义。

2. 生物气组分及同位素含量变化

试验中监测到 CO_2 和 CH_4 之间的含量变化存在交替增减，与每轮激活剂注入的次序对应并保持一致，如图4-12和图4-13所示。在激活油藏微生物产气的组分构成中，包含有 C_1—C_6 的混合烷烃气和非烃类气（CO_2、H_2 和 N_2），没有检测到 H_2S。其中，H_2 在第一轮激活过程即将结束时被监测到，而在试验区250m井距外的8口观察井中第二轮也全部监测到油层伴生气中未有的 H_2，最远距离近1000m，表明激活后的油藏微生物作用范围及其代谢产物生物气传导波及区域在不断向试验区外延伸。

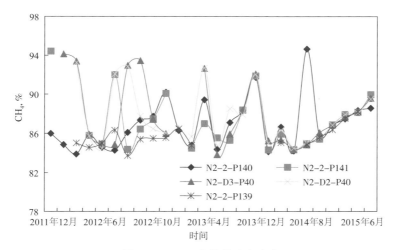

图 4-12　CH_4 含量的动态变化

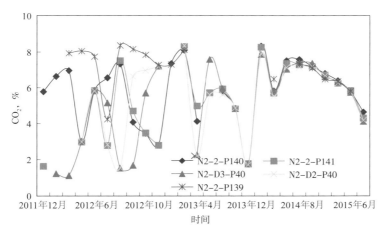

图 4-13　CO_2 含量的动态变化

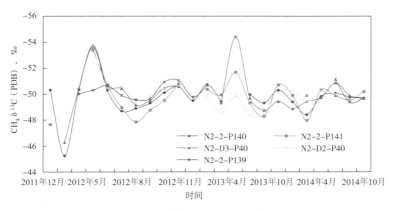

图 4-14　CH_4 δ ^{13}C（PDB）同位素含量变化

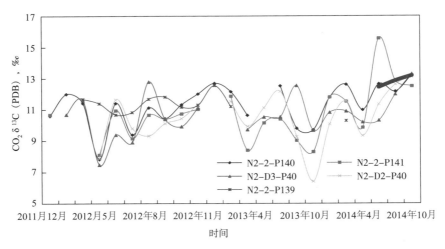

图 4-15　CO_2 $\delta^{13}C$（PDB）同位素含量变化

生产井中监测的 CH_4 和 CO_2 含量的变化范围分别为 83.8%~94.7% 和 1.5%~8.5%，与试验前监测的 CH_4 和 CO_2 空白基值偏差较大。在激活剂作用期结束后，CH_4 含量变化曲线的尾部明显上翘，而 CO_2 含量变化曲线的尾部出现向下衰减的态势，表明处于厌氧生物链的最末端产甲烷菌仍持续不断地将各类代谢产物厌氧发酵转化成 CH_4，只是结尾过程在没有激活剂供给条件下变得缓慢了，逐步回归到试验前的原始状态。

同样监测的 CH_4 和 CO_2 的 $\delta^{13}C$（PDB）同位素含量变化范围分别在 –54.5‰~–45.2‰ 和 6.4‰~13.3‰ 之间波动，与试验前的空白基值偏差也较大，如图 4-14 和图 4-15 所示。由于试验井和观察井中均监测的原始伴生气中均不含 H_2，根据 CH_4 和 CO_2 的 $\delta^{13}C$（PDB）同位素含量变化的分析，推断生物气中的 CH_4 一部分是经激活剂中有机物分解产生的乙酸，乙酸经产甲烷菌的还原作用转化为甲烷，而另一部分是由降解原油生成的 CO_2+H_2 经产甲烷菌的还原作用转化为甲烷这两条途径产生的，同时也表明油藏微生物在激活过程中选择降解激活剂中有机物和地下原油途径不同步产生的差异，导致各井中气体组分含量和 $\delta^{13}C$（PDB）同位素含量的异常变化。

3. 注入压力的变化

首轮在注水量不变的情况下，观察到激活剂注入后发生了强烈的产气作用，致使井口注入端压力迅速升高。在注入激活剂第一个小段塞时，注入压力由 11.3MPa 升到 12.5MPa，特别是当激活剂营养液注入 15~20 天时，内源微生物的产气增压效果明显。同样注入激活剂第二个小段塞时，注入压力由 12.5MPa 升到 13.5MPa，累计上升幅度达 2.0MPa 以上。改为后续水驱 140 天后，注入压力降至注激活剂前的初始压力 11.0MPa，后续注水至 280 天时，注入压力逐渐回升到 12.5MPa，至第一轮驱替结束时，注入压力又降为低于试验前的 10.5MPa，如图 4-16 所示。

从现场第一轮注入压力变化可以看出，在激活油藏内源微生物过程中，随地下培养时间的延续，其中 CO_2 和 CH_4 等气体含量变化具有明显的两个不同阶段特征，前一阶段产气 CO_2 增压幅度高，周期短；后一阶段厌氧产气 CH_4 周期长，产气增压缓慢，压力升高需有一个较长时间的积累过程，这一特点在两轮注激活剂驱油试验中得到验证。

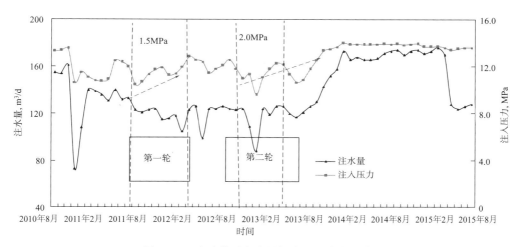

图 4-16 试验前后注水量与注入压力变化曲线

参照第一轮注激活剂的作用特点，对第二轮注入方式和注水量进行了调整，在加大激活剂用量的同时，分别加入一个激活剂的后置保护段塞及在厌氧产气升压后将注水量提高，这样更有利于提高驱油效果。现场第二轮经改变注入方式和提液措施后，产气增压效果明显好于第一轮。注入压力在后续水驱期间稳定在 14MPa 近 15 个月，为提高产油量、延长增产期创造了有利条件。试验结束后，注水量回调到试验前的基数，但注入压力没有明显下降，4 个月后仍保持在 13.5MPa 以上。

4. 采出原油的烃组分含量变化

现场监测结果表明，采出原油中的全烃组分含量变化在第一轮激活周期和第二轮激活周期之间存在明显差异。经两轮激活油藏微生物作用后，油层中的残余油被生物气溶解驱替采出。4 口采油井同时监测到原油中烷烃轻组分 $\sum nC_{21-}/\sum nC_{22+}$ 值大幅度增大，主碳峰由 C_{19}—C_{23} 区间向 C_8—C_{14} 区间转移，碳数范围由试验前的 C_4—C_{39} 变为试验后期的 C_3—C_{38}，原油中烷烃组成结构和含量均产生明显变化，如图 4-17 所示。

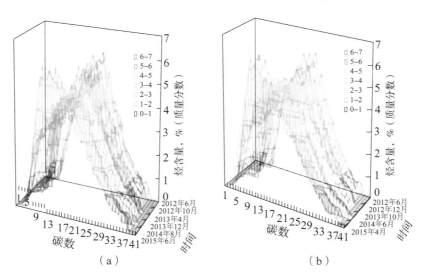

（a） （b）

图 4-17 4 口采油井原油烃组分在试验前后的变化对比

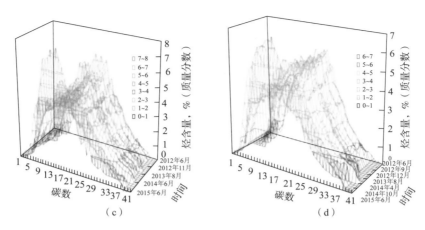

图4-17　4口采油井原油烃组分在试验前后的变化对比（续图）

　　分析原因在于第一轮激活剂注入期间，注入量仅为0.0293PV，还不到试验区总孔隙体积的1/30，油藏微生物激活后产生的生物气及浓度相对较低，以溶解状态随原油被驱替采出，采出流体组分中烷烃组分与初始原油样品组分接近。随着第二轮激活剂注入的跟进，激活剂总量增大到0.0492PV，激活后产生的生物气大量富集，并与第一轮积聚的生物气形成叠加，浓度增高，导致地层驱动能量增大。大量富集的生物气在13MPa注入压力（高于原始地层饱和压力7.5MPa）驱动下，与地层原油产生溶解与萃取相叠加的混相作用，将油层中的残余油携带采出。

　　5. 聚合物驱后采收率的变化

　　为评价油藏微生物原位激活后的驱油试验效果，将试验前连续16个月具有明显递减特征的生产数据作为参照依据。试验于2011年12月初开始至2015年10月结束。试验期间日产液量由第一轮482t增加到560t，增加了78t/d，第二轮由480t/d增加到593t/d，增加了113t/d；含水率由第一轮的96.1%下降到最低时的93.9%，下降2.2个百分点，第二轮由最高时的97.7%下降到96.2%，下降1.5个百分点；产油量由第一轮的17.6t/d最高增加到31.5t/d，增加13.9t/d，第二轮由13.6t/d最高增加到21.2t/d，增加7.6t/d。两轮原位激活油藏微生物驱油试验全部投入经费为330.89万元，截至2015年末，试验期间增油6243t，提高采收率3.93%（原始石油地质储量），纯经济效益1271.94万元，投入产出比为1:4.84（图4-18）。

　　6. 试验区取得的认识

　　在聚合物驱后1注4采的井组中开展了两轮原位激活油藏微生物驱油先导试验。通过每轮两组的聚合物保护剂与激活剂营养液的交替注入，监测到聚合物驱后油藏中β-变形菌纲的索氏菌属（*Thauera*）及γ-变形菌纲的假单胞菌属（*Pseudomonas*）和不动杆菌属（*Acinetobacter*）等优势菌被定向激活，表现出有规律性的交替演变，并与产油井增油相关性较高。油藏微生物原位激活后产生大量的生物气，增加了油层内的驱动能量。试验期间注入压力由11.3MPa上升到13.9MPa，升幅在2.0MPa以上。监测的采出气中CH_4和CO_2含量及$\delta^{13}C$（PDB）同位素含量变化的分析结果也支持原位激活微生物产生物气的作用与效果。大量生物气在油层内积聚，形成叠加，致使采出原油中轻组分含量大比例增加，既有利于聚合物驱后的油藏中采出残余油，又提高了波及效率，进一步验证了该项技术应用的有效性，也为后续扩大试验的原位激活工艺调控与优化提供了参考经验。

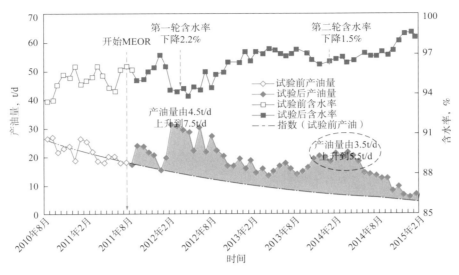

图 4-18　试验区生产动态变化曲线

（1）深化聚合物驱后油藏菌群结构及激活机理认识，分析聚合物驱后油藏中存在烃氧化菌和产甲烷菌等优势菌群，激活后的微生物达到 10^7 个 /mL 数量级，具备开展激活内源微生物驱油的基本条件，研究表明，聚合物驱后油藏存在的索氏菌属等功能菌能够降解原油中的芳烃和烷烃，同时产生气体和生物表面活性剂。

（2）确定了聚合物驱后油藏激活内源微生物驱油配方。室内天然岩心物理模拟驱油实验结果表明，优化的营养液配方在聚合物驱后可再提高采收率 3.1%；现场试验表明，该营养液能够激活油层中的有益菌，最高可达到 10^7 个 /mL 数量级，同时产生 CO_2 及 CH_4 气体，生物气体中的 CH_4 气体含量由 84.8% 上升到 94.1%，既提高了原油流动能力，又降低了原油重质组分，使重质组分含量由 96.33% 下降到 90.22%，轻质组分增加，从而提高了原油的流动能力，有利于原油采出。

（3）形成现场交替注入方式和驱油动态监测与功能菌群调控技术。在每个营养液段塞前后增加，注入黏度 100mPa·s 以上，有效保证了营养液在油层中作用的发挥。优化营养液段塞用量，由原来的 0.02PV 延长至 0.03PV，使功能菌种激活数量 10^7 个 /mL 保持时间由 3 个月延长到 5 个月以上。

（4）优化了注入工艺。研制了橇装式配制注入工艺，主要设备包括分散装置、储罐、注入泵等，实现了分散、溶解、注入一体化工艺流程，具有操作方便、环保、安全的特点。采用分层注入工艺，优化分层注入强度，有效厚度吸水比例从 88.6% 增加到 96.2%，同时主力油层吸水量下降 25.11%。

（5）聚合物驱后油藏激活内源微生物驱油试验取得明显效果，注入压力上升 1.5MPa，日产液增加 100t，日产油增加 13.4t，含水率最大下降 2.2 个百分点。不考虑自然递减，累计增油 3593t，投入产出比 1:4.84。

在此基础上进一步开展 4 注 9 采扩大现场试验，深入研究内源微生物驱油机理及提高采收率效果，优化营养液注入配方及注入方式，力争实现聚合物驱后油层内源微生物驱油提高采收率 3 个百分点以上。

第五章 大庆油田微生物采油技术矿场试验

大庆油田在 20 世纪 60 年代中期就已经开展了微生物采油技术的研究。最早于 1990 年应用于现场试验，在萨尔图油田开展了 2 口井以糖蜜为碳源的微生物吞吐试验，累计增油 1718t。早期试验存在用大量碳水化合物为碳源的缺点，因此大庆油田对石油微生物的研究，从以碳水化合物为碳源向以烃类为唯一碳源的方向转化，并在近十几年应用微生物吞吐技术和微生物驱技术开展了大量现场试验。

第一节 微生物吞吐现场试验

一、朝阳沟低渗透油田微生物吞吐试验

1. 试验区块概况

朝阳沟油田渗透率为 2~30mD，平均渗透率为 10mD，油层温度 55℃，属裂缝性低渗透—特低渗透油田，布井方式为 300×300 反九点面积井网。根据储层渗透性、原油流动性和裂缝发育程度将朝阳沟油田分为 3 类：Ⅰ类区块渗透率大于 15mD，流度大于 1.76mD/（mPa·s），普遍发育东西向裂缝，分布密度达 0.13 条/m，截至 2002 年 4 月，区块采油速度为 0.6%，采出程度达 21.7%，开发效果好。Ⅱ类油层渗透率为 5~15mD，流度为 0.5~1.44mD/（mPa·s），区块采油速度为 0.57%，采出程度达 13.4%。Ⅲ类油层渗透率小于 5mD，流度小于 0.4mD/（mPa·s），区块采油速度为 0.27%，采出程度仅 5.5%，开发效果差。

2. 现场试验效果

2002—2003 年，选取了 60 口分布在 3 种不同类型油层条件下的油井，开展了微生物吞吐矿产试验。其中，Ⅰ类油层 28 口井，Ⅱ类油层 22 口井，Ⅲ类油层 10 口井。共注入菌液 205t，注入后关井 5~7 天。

Ⅰ类油层有 28 口井，见效较好的有 22 口，无效井 6 口，有效率 78.5%，有效井平均单井日增油 1.04t。效果最好的是 92-60 井，该井注微生物前产液量为 6.1t，含水率为 32.3%，注微生物后，产液量上升，含水率下降，日增油平稳保持在 2.2t 以上，平均含水率下降到 10%，累计增油近 500t。

Ⅱ类油层有 22 口井，其中 15 口井产量增加，无效井 7 口，有效率 68.2%，有效井平均单井日增油 0.92t。效果最好的是 100-66 井，单井日增油 2.4t，累计增油 384.4t，该井原始产液量较低，微生物施工后产量增加 218.2%，增幅十分明显，这口井在 2004 年进行过一轮吞吐试验，共增油 92.5t，日增油 0.9t，第二轮效果明显好于第一轮效果。

Ⅲ类油层有 10 口井，其中 6 口井产量增加，Ⅲ类油层微生物作用有效率 60%。

2002—2003 年，在朝阳沟油田开展的 60 口井微生物吞吐试验中，明显见效井 43 口，

占总井数的71.7%。累计增油9175.5t，投入产出比为1∶8。

吞吐井效果可分为如下4种类型。

第一类型：注微生物前产量基线递减，注微生物后产油量显著增加（图5-1、图5-2），这一类型有效井数为29口，占总井数的48.3%。

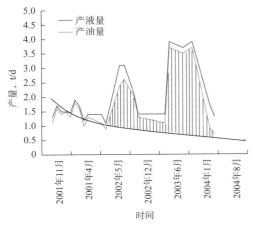

图5-1　100-66井产液动态

第二类型：注微生物前产量基线保持平稳，注微生物后产油量增加，这一类型有效井数为11口，占总井数的18.3%（图5-3）。

第三类型：注微生物前产量基线递减，注微生物后产油量略有增加，但不足以弥补产量递减，这一类型有效井数为3口，占总井数的7.0%（图5-4）。

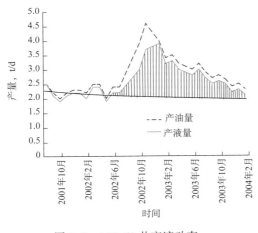

图5-3　106-68井产液动态

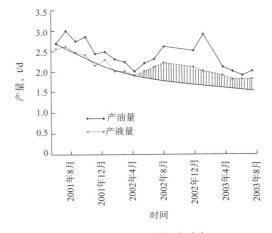

图5-4　82-52井产液动态

第四类型：无效井，这一类型井数为17口，占28.3%。

二、葡北过渡带微生物单井吞吐现场试验

1. 试验区块概况

葡萄花油田是大庆长垣南部的一个油田，北与太平屯油田和高台子油田相邻，南与

敖包塔油田相连。其中，葡北过渡带面积 87.7km²，占北部总含油面积的 55.6%。而且过渡带分布在各个断块之中，使油水分布复杂化，局部地区油水分布受岩性影响。葡北过渡带葡I组油层原油具有密度低、饱和压力低、含蜡量高（25%）、胶量低、地饱压差大、溶解系数大等特点。地层水属碳酸氢钠型，氯离子含量为 2674~2902mg/L，总矿化度为 8490~9789mg/L。

2. 现场试验效果

2005 年 11 月，在采油七厂葡北油田开展了 10 口微生物吞吐试验。所选试验井产液量在 20t/d 以下，含水率为 30%~90%，油层有效厚度在 10m 以内，温度在 50℃左右，渗透率为 10~200mD。

葡北过渡带微生物吞吐有 8 口井明显见到增液、增油效果（图 5-5 至图 5-8），有效井达 80%，产液量由试验前的 96t 增加到 138t，增幅 43.30%；产油量由试验前的 24.7t 增加到 37.4t，增幅 46.18%；含水率由试验前的 74.2% 降到试验后的 72.9%。截至 2006 年 8 月，10 口试验井累计增产原油 1873t，平均单井增油 187.7t，吨菌液增油 40t。投入产出比在 1:10 左右。

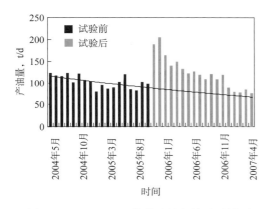

图 5-5　7P10-1-57 井微生物解堵试验效果

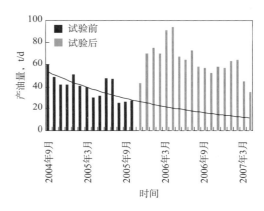

图 5-6　7P87-84 井微生物解堵试验效果

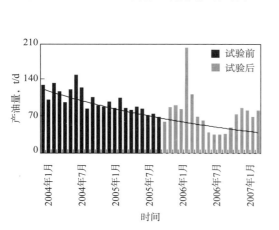

图 5-7　7P84-69 井微生物解堵试验效果

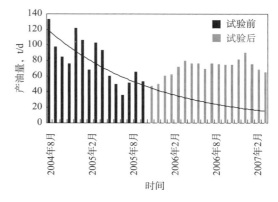

图 5-8　7P88-90 井微生物解堵试验效果

三、杏南油田和高台子油田微生物吞吐矿场试验

1. 试验区块概况

杏树岗油田南部开发区（简称杏南开发区）位于黑龙江省大庆市红岗区的南部，构造位于松辽盆地中央坳陷区大庆长垣杏树岗背斜构造南部。含油面积 159.5km²，地质储量 31040×10^4t，其中表外层储量 5484×10^4t、表内薄层 3957×10^4t，占全区储量的 30.42%，是二、三次加密调整井及扩边井的主要挖潜对象。杏南开发区的储层岩性为硬质长石砂岩，以细砂岩为主，含有少量的中粒砂岩及粉砂岩，粒度中值为 0.184mm，胶结物以泥质为主，泥质含量为 10.6%，其次为钙质。胶结类型为孔隙—接触式，其粒间孔隙为孔隙的主要形式。平均孔隙半径为 6.05μm，有效孔隙度为 23.1%，有效渗透率为 172mD，空气渗透率为 378mD，含油饱和度为 65%。

共选取 23 口采油井进行微生物驱油现场试验。井间含水差异大，从 69.2% 到 96.3%，含水率高于 90% 的井 13 口，占井数的 65%。在杏南油田和高台子油田开展了 23 口井微生物吞吐试验，渗透率为 10~450mD，累计注入菌液 65t，关井 7 天。

2. 现场试验效果

2007 年 9 月，在该区块实施微生物单井吞吐试验井 23 口，生产动态监测（图 5-9、图 5-10）表明微生物对试验区油层较为适应，见效 14 口井（包括 1 口基础井、5 口一次加密井、3 口二次加密井、2 口三次加密井和 3 口过渡带扩边井），有效率达 78.3%。投产后 23 口试验井的平均单井日产液量由措施前的 6.2t 上升至 13.2t，平均日产油量由措施前的 0.42t 上升至 1.26t，平均含水率由措施前的 93.2% 下降至 90.4%。23 口试验井累计增产原油 2805t，平均单井增油 122t，吨菌液增油 43.2t。

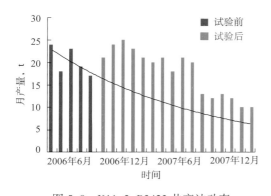

图 5-9　X11-2-B3422 井产油动态

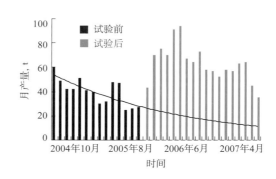

图 5-10　X12-1-B4221 井产油动态

四、微生物吞吐取得的认识

（1）微生物在油层环境存活情况并作用原油。

首先，吞吐试验所选菌种均对油层条件有较强的适应性，注入微生物后在油层中能够生长繁殖。分析结果（表 5-1）显示，施工前产出液中菌数含量在 10^1~10^2 个 /mL 范围内，注微生物后菌数含量上升到 10^6~10^7 个 /mL，最高达到 10^8 个 /mL，随后产出液中菌数含量逐渐降低，3~4 个月后保持在 10^3~10^4 个 /mL 范围内，略高于微生物吞吐前水平，效果较

好井与效果不好井产出液菌数相近，说明选用的采油微生物在有效井和无效井中均存活。

表 5-1 施工前后油井产出液菌含量

井号	菌数，个/mL		备注
	措施前	3~4 个月后	
朝 56-162	1.0×10^2	3.2×10^3	效果较好井
朝 72-76	1.2×10^2	4.2×10^4	效果较好井
朝 92-60	2.0×10^2	3.0×10^3	效果较好井
朝 96-58	8.0×10^1	7.0×10^3	效果较好井
朝 104-50	3.3×10^2	9.0×10^3	效果不好井
朝 62-156	9.0×10^1	2.8×10^3	效果不好井

其次，在微生物作用下，原油组分中中高碳烷烃和长链烃减少，低碳烷烃和短链烃相对增多。通过全烃色谱分析各项参数的变化可看出，微生物可选择性地降解原油中的某些中高碳烷烃，使原油中的长链烃含量相对减少，短链烃或低碳烷烃含量相对增加。

对照效果较好的井朝 92-60、朝 96-58 两口井原油色谱图（图 5-11、图 5-12）可以看出，由于高分子量烃类的降解而向低碳数范围转移，色谱图中高峰值降低，正构烷烃碳数分布曲线向轻组分方向移动。而微生物吞吐效果不明显的油井，如朝 62-128 井正构烷烃组成变化很小（图 5-13）。对这类井的产出液经平板培养后观察，菌落形态和菌体形态均较单一，说明在地层中配伍菌生长不均衡。

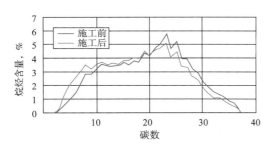

图 5-11 朝 92-60 井微生物吞吐前后烷烃变化　　图 5-12 朝 92-58 井微生物吞吐前后烷烃变化

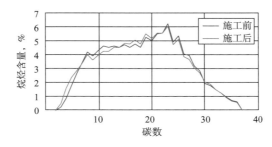

图 5-13 朝 62-158 井微生物吞吐前后烷烃变化曲线

再次，微生物作用前后原油蜡质、胶质含量降低。对微生物作用前后的油样含蜡量和含胶量进行分析，可以看出施工后原油含蜡量和含胶量均大幅度下降，其中表 5-2 中见效较好的油井含蜡量和含胶量均有不同程度的降低。朝 104–50 井和朝 62–156 井的含蜡量和含胶量变化不明显。

表 5–2　施工前后原油含蜡量和含胶量变化

井号	含蜡量，%		含胶量，%		备注
	措施前	措施后	措施前	措施后	
朝 56–162	25.3	23.3	20.1	18.5	效果较好井
朝 72–76	22.1	20.7	18.9	18.3	效果较好井
朝 92–60	24.8	21.4	19.4	18.1	效果较好井
朝 96–58	19.6	18.6	19.6	17.5	效果较好井
朝 104–50	19.8	19.6	21.7	20.4	效果不好井
朝 62–156	22.4	22.8	19.6	19.2	效果不好井

　　最后，产出液界面张力降低。对吞吐后油井产出水界面张力进行分析，效果较好井界面张力均有不同程度的降低，效果不好井界面张力也略有降低（表 5–3）。微生物在地下代谢出活性物质，这些物质降低了流动阻力，对原油采出有一定的作用。

表 5–3　措施效果对比

井号	界面张力，mN/m		备注
	措施前	措施后	
朝 56–162	29.71	24.94	效果较好井
朝 72–76	29.34	24.38	效果较好井
朝 92–60	28.87	26.35	效果较好井
朝 96–58	30.89	25.03	效果较好井
朝 104–50	30.27	28.76	效果不好井
朝 62–156	31.82	29.49	效果不好井

　　（2）明确了微生物用量以及不同地层处理半径对驱油效果影响较小。
　　通过对不同的地层处理半径驱油效果（表 5–4）统计发现，微生物处理半径在 1~2.1m 范围内对改善油井产量影响不明显，由表 5–5 可以看出，当菌液浓度小于 7.5% 时，试验井有效率较高。

表 5–4　不同处理半径对驱油效果的影响

处理半径，m	<1	1~1.2	1.21~1.4	1.41~1.6	1.61~2.0	>2.1
有效井数，口	3	8	2	3	0	1
无效井数，口	1	3	2	2	0	0
有效率，%	75	72.7	50	60		100

表 5–5　不同浓度对驱油效果的影响

菌液浓度，%	<5	5~7.5	7.5~10	>10
有效井数，口	6	3	3	5
无效井数，口	2	0	2	3
有效率，%	75	100	60	62.5

因此，建议微生物吞吐试验时应用的浓度为2.5%~7.5%，浓度过大不仅增加投入成本，而且高浓度菌液中存在高浓度的代谢产物，对菌体的生长和代谢将起到一定的抑制，因此菌液浓度最好不高于7.5%。

对微生物处理后油井增产效果较明显的几口井进行分析，菌液处理半径和浓度对驱油效果的影响同样不太明显，不同处理半径和不同浓度对油井增产效果的影响只是开井近期的数据，这两项参数对油井增产有效期的影响还有待进一步验证。

（3）确定了应用微生物吞吐措施的地层渗透率极限。

通过对微生物吞吐的油井进行分析发现，油井是否有效与油井的储层物性及原油物性有很大关系。通过统计发现，渗透率对微生物吞吐的效果有一定影响（图5-14），随着渗透率的增加，措施有效率增加，当渗透率大于8.0mD时，有效率达到83%。从实际吞吐井的效果也可以看出，一类油井由于储层物性好，微生物吞吐效果也最好，有效率达83.3%，而二、三类油井有效率逐渐降低。

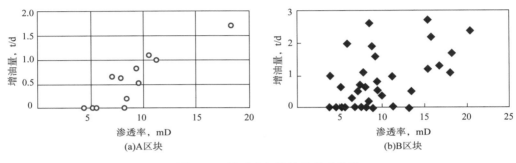

(a)A区块 (b)B区块

图5-14　渗透率与增油量关系曲线

从吞吐试验可以看出，微生物在油层中通过降解、降黏和产生表面活性剂而发生作用，效果的取得是各方面综合作用的结果。

（4）储层物性好的油井增油效果好。

葡北油田微生物吞吐试验在成功率和增油量方面要好于朝阳沟油田微生物吞吐试验。分析原因主要是在葡北油田所选油井的油藏条件、原油性质、注采关系以及储层结构都要好于朝阳沟油田、杏南油田和高台子油田，尤其是杏南油田和高台子油田所选试验井均为不同层系的低产井（表5-6）。

表5-6　两个区块试验条件及效果对比

油田	葡北油田	朝阳沟油田	杏南油田和高台子油田
渗透率，mD	20~300	1~25	10~450
注入菌液量，t	4.7	2.4	2.8
平均单井日产液，t	13.9	5.3	13.2
平均单井含水率，%	74.4	43.2	90.4
平均单井增油，t	187.7	152.9	122
有效率，%	80	71.7	78.3

（5）微生物吞吐措施处理油层伤害严重的采油井效果显著。

通过对微生物吞吐有效井进行分析，微生物可以起解堵作用，解除了近井地带的伤害，提高了近井地带的渗透率，从而使油井产量增加。例如朝72-76井，2003年3月表皮系数为2.56，2003年10月对该井采取微生物吞吐，2003年11月监测该井表皮系数为-1.44，吞吐前日产油3.0t，吞吐后日产油7.1t，日增油4.1t，阶段累计增油近200t（表5-7）。在葡北区块的吞吐试验也得到进一步证实，葡67-78井和葡87-84井试验前试井资料显示油层伤害严重，表皮系数分别达到8.17和6.94，在泵况稳定的情况下，产液量由2004年12月的33t/d下降到试验前的25t/d。试验后两口采油井平均单井增油462t，有效期达到300天，分别是平均增油水平（187t/153天）的2.5倍和1.9倍，试验效果显著。微生物吞吐解除了油井井底的伤害，使渗透率增加，流压增加。

表5-7　朝72-76井压力恢复曲线参数解释对比

测试时间	日产油，t	流压，MPa	渗透率，mD	表皮系数
2003年3月	3.0	1.41	10.9	2.56
2003年11月	5.2	1.64	12.5	-1.44

（6）微生物吞吐试验针对不同类型的油井应调整配伍菌群比例。

微生物吞吐试验过程中，使用的菌种主要包括以产气为目的的产甲烷菌，降解石油重质组分的烃降解菌以及产表面活性剂菌种，其目的是增加地层驱动能量，降低原油黏度，提高驱油效率。但在现场应用中发现针对不同类型的油井，可考虑通过调整配伍菌群比例的方式来解决不同油井存在的问题。

试验过程中发现：①有4口低沉没度油井，由于注入菌液中增加了产气菌含量，吞吐效果好于高沉没度油井，分析认为对于低沉没度的采油井（沉没度小于100m），应适当增加产气菌（AS-1菌种）含量，通过产生大量气体，增加驱动能量，有利于改善吞吐效果；②有5口高含蜡油井，由于注入菌液中增加了烃类降解菌含量，吞吐效果好于低含蜡油井，分析认为对于这类高含蜡油井（含蜡量小于25%），适当增加烃类降解菌含量，通过微生物降解作用，降低原油黏度及含蜡量，提高原油流动性，改善吞吐效果。③早期认为微生物吞吐采油不适合高含水油井，通过提高注入菌液中产表面活性剂菌含量方式，对4口高含水油井（含水率大于80%）开展试验，吞吐效果较好，这为今后高含水油井进行微生物吞吐采油提供了借鉴。

（7）微生物单井吞吐作为一种增产措施可在同一口井多次使用。

2003年，选择上一年微生物吞吐有效的4口井实施了第二轮微生物吞吐，第二轮微生物吞吐井也取得了与第一轮大体相当的增油效果，表明微生物单井吞吐可以作为一种措施多次施工。

（8）无效井原因分析。

对吞吐试验的无效井进行统计（图5-15、图5-16），其主要表现出以下特征：

①低含水井：含水率在5%以下的油井，由于连通性较差，供液不足，试验效果不明显。

②高含水井：含水率大于95%的油井，由于地层剩余油含量较低，井底有机伤害不严重，见效不明显。

③低渗透率井：渗透率低于3mD，见效不明显。

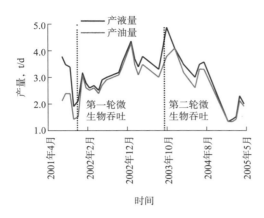 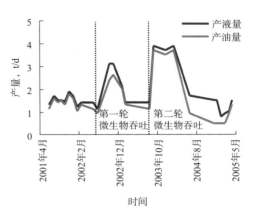

图5-15　朝116-66井产液动态　　　　　图5-16　朝100-66井产液动态

自2001年以来，大庆油田利用以烃类为碳源菌种先后开展了93口井的微生物吞吐试验，总成功率为74.3%，单井平均增油148t，累计增油1.38×10⁴t。微生物吞吐技术突破了国外微生物采油渗透率最低标准不小于50mD的界限。

同时油藏普查表明，大庆油田大部分油藏的地层温度为45~80℃，矿化度多数在15000mg/L以下，渗透率、微量元素、pH值等参数也都在比较适宜的范围内，大庆油田多数地区适宜微生物采油。微生物采油具备对环境无污染、投入成本低等特点，以在采油十厂压裂为例，压裂一次需投入15万~30万元，有效期在6个月左右，增油在200t左右，微生物吞吐一口油井费用为1万~3万元，有效期一般为3~6个月，Ⅰ类油层单井平均增油100t以上，且可以针对同一口油井多次施工，微生物吞吐较压裂投入产出高5倍左右，优势十分明显。因此，微生物吞吐可作为成熟技术在各类区块推广应用。

第二节　朝阳沟油朝50区块微生物驱现场试验

大庆外围低渗透油田具有油层物性差、油层薄、单井产量低、原油黏度高、凝点高等诸多不利于开采的因素，应用传统的注水技术开发低渗透油田，注水压力不断升高，油井供液不足，产量递减快，采油速度低，而其原油流度低、油层厚度小，且易造成储层伤害的特点又限制了许多成熟三次采油技术的应用。因此，外围低渗透油田的有效开发方法一直备受关注。

2004年6月至2013年10月，针对采油十厂一类区块采出程度高，剩余可采储量采油速度高，水淹程度高，无效采出液大幅度增加，驱油效果变差，层间、平面动用程度不均衡问题，在朝50区块分别开展了2注9采微生物驱先导性试验以及9注24采微生物驱矿场扩大试验（图5-17），取得了较好的试验效果。

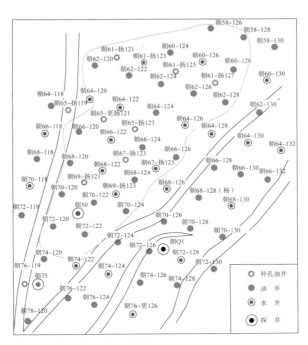

图 5-17　朝阳沟油田朝 50 区块现场试验井位图

一、区块概况

该井区 1992 年 10 月投产，初期平均单井日产油 8.7t，1993 年 4 月转入注水开发阶段，采用反九点面积井网注水，开发初期采用早期强化注水，随着油井注水受效，并且及时采取压裂增产措施，取得了较好的开发效果，到 1997 年 6 月油井含水率上升明显加快，含水率由 1996 年 12 月的 4.4% 突升到 21.9%。1997 年底开始对杨大城子油井补射扶余油层，但由于补孔井区注采不完善，调整难度大，原井网油井由于截流产量逐渐下降，随着开发时间的延长，补孔井 1999 年底含水率上升加快，含水上升率达到 14.5%，而原井网油井含水率上升相对缓慢，含水上升率只有 3.2%，近几年为了控制油井含水率上升，对水井采取注水调整、周期注水、调剖，并且结合油井堵水等综合调整方法，含水上升速度虽然得到一定的控制，但是油井液量下降幅度较大，导致该区块开发效果变差。

试验区位于朝阳沟背斜轴部，开采的是扶余油层，属河流相沉积。油层埋藏深度为 989m，试验区含油面积为 2.25km²，地质储量为 202.76×10⁴t，共包括 36 口油水井，注采井数比为 1∶3，平均有效厚度为 9.5m，连通厚度为 7.6m，水驱控制程度为 80.5%。储层基质平均空气渗透率为 25mD，有效孔隙度为 17%，原始含油饱和度为 57%。井区普遍发育裂缝，主方向为近东西向（NE85°）。孔隙结构以残余粒间孔隙和次生孔隙为主。毛细管压力曲线形态为细歪度；孔隙半径小，迂曲度大、喉道细。

根据原油高压物性资料可知，饱和压力为 6.4MPa，地层原油黏度为 9.7mPa·s，地面原油黏度为 20.2mPa·s，凝点为 31℃，地层水矿化度为 4450mg/L，其中碳酸根离子 8.61mg/L，氯离子 70.9mg/L，硫酸根离子 7.68mg/L，钙离子 8.02mg/L，镁离子 5.83mg/L。

区块扶余油层纵向上发育 15 个小层，26 个沉积单元。Ⅰ类油层砂体属于辫状河道、低弯曲分流河道沉积，Ⅱ类油层砂体属于网状分流河道沉积。通过试验区 36 口油水井储层评价，Ⅰ类储层共 4 个单元，分别为 FⅠ3₂、FⅠ5₁、FⅠ7₂ 和 FⅡ1，储层平面上呈片状分布，储层钻遇率为 41.7%~69.4%；Ⅱ类储层 3 个，分别为 FⅠ5₂、FⅠ7₁、FⅡ2₁，储层平面上呈条带状分布，储层钻遇率为 16.7%~33.3%；其余为Ⅲ类储层，砂体多呈透镜状零星分布，规模小、厚度薄，钻遇率为 2.8%~16.7%。试验区块平均单井有效厚度为 9.5m，平均单井层数为 5.2 个，平均单层厚度为 1.8m。

受层间、层内非均质性影响，区块在纵向上动用程度不均衡。剩余储量高的小层主要集中在Ⅰ类和Ⅱ类油层。Ⅲ类油层砂体零散，因采出程度低而剩余储量较大，但是目前井网控制程度下很难用常规方法采出。Ⅰ类油层以平面干扰型、高水淹韵律基部型剩余油为主；Ⅱ类油层以层间、平面干扰型剩余油为主；Ⅲ类油层以注采不完善、单向受效型剩余油为主。

试验区 24 口油井，含水率大于 60% 的井有 12 口，高含水井比例达到 50%，由于存在裂缝，东西向油井含水上升快。含水级别高于其他方向。动态特征表现为产液量增加，含水阶梯状上升。基质见水则体现不同动态特点，含水上升速度相对较慢，在含水率达到 50% 以上时，产液量开始上升。

从井区油层动用状况看，存在一定的差异。Ⅰ类油层吸水厚度百分数为 79.3%，吸水强度为 4.7m³/（d·m）；Ⅱ、Ⅲ类油层吸水厚度百分数为 43.5%，吸水强度为 3.4m³/（d·m）。根据该区块 4 口中高含水井产出剖面测试结果，Ⅰ类油层产出厚度百分数为 71.6%，Ⅱ、Ⅲ类油层为 39.3%，相差 32.3 个百分点。Ⅰ类油层产液强度为 1.78t/（d·m），含水率为 89.6%，Ⅱ、Ⅲ类油层产液强度为 0.68t/（d·m），含水率为 56.4%，分别相差 1.1t/（d·m）和 33.2 个百分点。

二、微生物驱油可行性分析

对于微生物强化采油，选择合适的储层环境是非常重要的，储层应具有较好的渗透性和连通性，保证注水波及和微生物注入；储层的"小环境"可适合微生物生存和繁殖。

1. 微生物驱油试验区选择原则

首先，油层具有较好的连通性，注水井注入状态好。试验区块相对封闭，油水井距小，油层渗透率大于 20mD，油层连通性好，注水井注入状态好。该区油水井平均单井有效厚度为 9.5m，连通厚度为 7.9m，水驱控制程度为 83.2%。主力砂体呈片状，发育稳定。注水井注水压力低，2019 年 9 月平均注水压力为 12.9MPa，平均单井日注 30m³，平均单井年注水 1.23×10⁴m³。

其次，储层孔喉半径与微生物大小配伍性较好，能保证微生物菌液的注入。该区块储层基质平均空气渗透率为 25mD，有效孔隙度为 17%，原始含油饱和度为 57%。平均孔喉半径为 2.3μm，其中孔喉半径为 2.5~4.0μm 的孔隙占 37%，1.0~1.6μm 的孔隙占 21%，而微生物个体大小为（0.1~0.4）μm×（0.5~2.0）μm，可以进入地层，完全能满足微生物注入要求。

另外，油层环境适合微生物生存。在影响微生物生长和代谢的一些生物化学参数中，pH 值影响最严重，菌种最佳的 pH 值为 4~9，pH 值不但直接影响生长和代谢，最重要的是影响重金属的增溶性。第二参数是重金属的浓度，该试验区块重金属的浓度对细菌的生长和代谢不会产生影响。任一种微生物都需要较大量的碳、氮、磷、硫、铁、镁、钾、钙等营养物，以供细菌正常地生长和代谢。从朝61–杨121井的油样中分离地层水，并进行了水质分析，水质属 $NaHCO_3$ 型，总矿化度为 1640mg/L，pH 值和各项离子的含量都符合微生物生长的条件。

2002 年，朝 61–杨 121 井微生物吞吐，在吞吐后 5 个月时采出液化验微生物浓度仍然保持在 10^5 个 /mL，说明微生物能在地下很好地生长繁殖。

单井试验表明，微生物吞吐在该区块取得较好的效果。该区块的朝61–杨121井有效厚度为 15.4m，连通厚度为 10.6m，水驱控制程度为 68.8%。于 2002 年 8 月采取微生物吞吐。共注入微生物原菌液 3.0t，注清水 35m³，浓度为 7.8%。该井吞吐前日产液 7.6t，日产油 3.2t，含水率为 52.9%；吞吐后日产液 5.7t，日产油 4.9t，含水率为 14%。2003 年 4 月，日产液 4.9t，日产油 1.4t，含水率为 71.4%，有效期 150 天，累计增油 354.6t，阶段产水 489m³，说明该区地质环境和原油性质适合微生物生存。

岩心驱油实验表明，微生物对该区块残余油有较强的作用。人造岩心水驱至含水率为 100% 后，注入微生物菌液提高采收率 7~8 个百分点，可以有效驱替残余油。另外，由于低渗透裂缝性油藏的特殊性，即使主力油层在水井附近也滞留有一定量的剩余油（可以从转抽井和更新井生产状况得到证明），注入微生物能够与原油接触并发生作用，改善驱油效果。

地质分析表明该区块存在天然裂缝，这些裂缝可以使微生物尽快地接触原油。裂缝性油藏水驱，注水往往沿裂缝突进，导致裂缝两侧基质中存在大量的剩余油。注示踪剂结果表明，裂缝方向油井 144h（6 天）监测到示踪剂。由于裂缝导流能力较强，注水推进速度较快，可以利用裂缝渗流速度快的特点，加快微生物向油层深部运移。注入微生物后，在其随注入水到达油井时，对油井采取关井措施，实现沿裂缝注入，向两侧驱油，扩大注入波及体积，提高驱油效率。同时，水井注完微生物和顶替液后关井，发挥渗吸作用，使微生物向非裂缝方向基质中渗透，与原油充分发生作用，提高驱油效果。

通过以上分析，认为微生物驱油在该区块完全可行。

2. 注入方案设计

（1）第一阶段：2 注 9 采先导性试验注入方案。

微生物驱油试验区设计注入两口井（朝60–126井、朝61–杨123井），控制面积为 0.81km²，地质储量为 62.8×10^4t，平均单井有效厚度为 10.7m，连通厚度为 9.1m，孔隙度为 17%，储层渗透率为 25mD，计算孔隙体积 125.2×10^4m³。两口井合计日注水 65m³，年注水 2.37×10^4m³。根据室内实验结果并结合调研资料，微生物用量确定为 100mg/L·PV，每周期微生物总用量为 125t。

微生物菌液的浓度为 10^9 个 /mL，根据其他油田注微生物驱油经验，微生物的浓度必须大于 10^7 个 /mL，才能使油井见到明显效果。结合每口水井注水能力，配注菌液量。

为了使注入的微生物较好地在地下生长繁殖，在前置段塞中加入激活剂和无机盐，为注入的微生物创造生长环境。注入菌液和无机盐溶液，保证微生物在地层中大量繁殖。前置段塞和无机盐溶液均用清水配制，无机盐溶液中含有氮、磷、钾等元素 [（ NH_4 ）$_2SO_4$ 0.3%，NaCl 0.85%，K_2HPO_4 0.3%]。

激活剂用量为菌液用量的 20%，为 25.0m³，无机盐溶液 45.0m³，将激活剂加入无机盐溶液中，故前置段塞为 70m³（表 5–8）。

表 5-8   前置段塞用量

井号	前置段塞用量，m³
朝 60-126	40
朝 61- 杨 123	30
合计	70

第一周期注入情况：按照试验方案的要求，5 月 27 日至 6 月 4 日完成前置液的注入工作，共注入营养液 60t；6 月 5 日开始注入微生物菌液，同时加入无机盐营养剂，到 9 月 5 日已完成第一周期的注入，共注入微生物菌液 125.2t、营养液 85t（表 5-9）。

表 5-9   微生物注入情况

井号	第一周期		第二周期	
	菌液，t	营养液，t	菌液，t	营养液，t
朝 61- 杨 123	59.5	40	55	35
朝 60-126	65.7	45	70.2	50
合计	125.2	85	125.2	85

第二周期注入情况：2004 年 12 月 25 日至 2005 年 1 月 10 日进行了流程改造工作，2004 年 12 月 25 日至 2 月 22 日完成第二周期注入工作，共注入微生物菌液 125.2t。

（2）第二阶段：9 注 24 采扩大性试验注入方案。

试验区孔隙体积为 $350 \times 10^4 m^3$，注入体积为 $10.5 \times 10^4 m^3$，注入浓度为 2%，则微生物菌液用量为 2100t，计划进行 3 个周期注入，每周期用量 700t。为了增强微生物在地下的繁殖能力，提高微生物作用有效时间，每次注入过程中都加入营养液，营养液与微生物菌液用量按 1：1 配制，总用量为 2100t，每周期注入 700t。

为减缓层间吸水差异，确定对 7 口分层井实施分层注入，原小层配注水量不变（表 5-10）；而另外 2 口井（朝 69- 杨 123 井、朝 50 井）层间吸水差异小，只需笼统注入。

表 5-10   试验区水井分层状况统计

井号	第一层段		第二层段		第三层段		第四层段		全井日配注 m³
	层位	配注 m³	层位	配注 m³	层位	配注 m³	层位	配注 m³	
朝 61- 杨 123	FI3₂—FI5₁	10	FI7₂	10	FⅡ1	10			30
朝 60-126	FI3₂	10	FI6₁—FI7₂	15	FⅡ1—FⅡ2₁	10			35
朝 64-122	FI3₂	10	FI5₁	5	FI7₂—FⅡ2₁	5			20
朝 64-126	FI3₂	5	FI5₁	5	FI7₂—FⅢ3₁	10			20
朝 66-122	FI5₁—FI7₁	15	FI7₂	15	FⅡ1—FⅡ5₁	15			45
朝 67- 杨 125	FI3₂—FI4	20	FI7₁—FI7₂	20					40
朝 68-122	FI3₂	10	FI5₁—FI5₂	10	FI7₁	10	FI7₂—FⅡ2₁	15	45
合计		80		80		60		15	235

在单井注入量设计中，按照微生物菌液用量公式计算单井配注菌液量，利用以水井为中心的井组控制孔隙体积来劈分单井注入量（表5-11）。每周期注入的微生物菌液，浓度按2%稀释，并与相同浓度的营养液混合同时注入。

表5-11　试验区水井注入参数设计

井号	投注时间	有效厚度 m	连通厚度 m	油压 MPa	配注 m³/d	日注 m³	累计注水 m³	微生物菌液量，t	营养液用量，t
朝61-杨123	1998年7月	11.8	11.8	13.0	30	29	158600	83.0	83.0
朝60-126	1994年2月	20.6	20.6	12.5	35	36	300731	105.0	105.0
朝64-122	1994年4月	6.6	6.2	14.0	20	20	193920	60.0	60.0
朝64-126	1993年4月	4.8	4.8	13.5	20	20	174178	56.5	56.5
朝66-122	1999年1月	9.2	5.4	12.8	45	30	84307	80.0	80.0
朝67-杨125	1995年9月	9	9	13.7	40	40	54185	80.0	80.0
朝68-122	1993年8月	9.4	8.6	13.1	45	41	202291	83.5	83.5
朝69-杨123	2001年11月	20.4	13.2	14.2	40	41	58613	98.0	98.0
朝50	1994年6月	9.4	6.4	5.7	25	20	161969	54.0	54.0
合计		101.2	86	12.5	300	277	1388794	700	700

例如朝61-杨123井，有效厚度为11.8m，井组碾平厚度为11.5m，控制面积为0.212km²，孔隙度为17.0%，根据微生物菌液用量公式，计算得到微生物菌液用量为83.0t。

根据水井微生物菌液及营养液用量设计，预计第一周期微生物注入在5个月左右完成，接着注水，然后开展聚合物封堵工作，之后继续注水。一年后开始进行第二周期的微生物注入工作。

三、矿场试验效果评价

通过井吸水剖面和吸水能力、区块生产数据变化以及经济效益评价，可以分析整个试验区的微生物采油效果。

1. 微生物注入状况保持稳定，层间动用状况得到改善

2004年，2注9采微生物驱现场试验开展后注水井吸水状况得到改善，油层动用程度提高。朝61-杨123井在微生物注入前只有FI3₂和FI5₁吸水，其中FI3₂相对吸水量为58.71%［图5-18（a）、图5-18（b）］；2005年3月时全井4个油层均吸水，FI3₂层相对吸水量下降到57.8%［图5-18（c）］。朝60-126井FI3₂+4层和FⅢ1₂层为强吸水层，注入后吸水量增加，FI7₁层吸水量由17.53%变成不吸水。

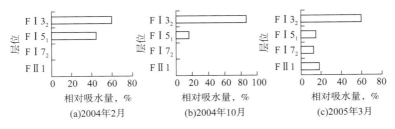

图5-18　朝61-杨123井吸水剖面对比图

如图 5-19 所示，朝 60-126 井初期注入压力为 13.0MPa，压力过高，随着菌液的注入，微生物对地层中的堵塞产生降解，代谢的生物表面活性剂起到洗油的效果，代谢的有机酸溶解了地下岩石，增大了渗透率，增强了水井的注入能力，起到解堵作用，使注入压力由 13.0MPa 下降到 11.0MPa，下降了 2MPa，注入能力提高，注入量增加。

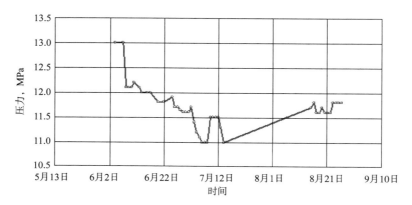

图 5-19　朝 60-126 井微生物注入后压力变化图

2. 增油控水效果较好

（1）2004 年先导性微生物驱油试验区开发效果。

2004—2006 年，在朝 50 区块朝 60-126 井及朝 61-杨 123 井开展了 2 注 9 采的微生物驱油先导试验，累计注入菌液 655.6t、营养液 285t。先导试验区油井分类统计见表 5-12。

表 5-12　先导试验区油井分类统计

分类	井号	试验前			2004 年 12 月			2005 年 12 月			2006 年 12 月		
		日产液 t	日产油 t	含水率 %	日产液 t	日产油 t	含水率 %	日产液 t	日产油 t	含水率 %	日产液 t	日产油 t	含水率 %
措施井	朝 60-128	5	0.5	90	4.2	0.2	96.3	14.1	1.7	88.2	7.9	2.1	48.0
	朝 62-122	3.5	3.5	0.3	8.7	7.7	12	3.4	2.4	30	2.4	2.3	4.2
	朝 61-杨 127	13	3.2	75.4	6	1.8	70.5	4	1.1	72.8	1.8	0.5	72.2
	小计	21.5	7.2	66.5	18.9	9.7	48.7	21.5	5.2	75.8	12.1	4.9	59.5
中高含水井	朝 61-杨 125	3.6	0.1	97.2	6	1.2	80.4	15.8	7	55.4	13.4	7.3	45.5
	朝 61-杨 121	5.4	3.1	42.6	9	4	55.5	6.7	5	24.9	5.6	3.5	37.5
	朝 62-124	8	0.4	95.0	6.6	2.3	64.4	4.1	1.9	52.5	3.1	1.9	38.7
	朝 62-126	0	0	0	1.0	0.1	86.4	0.9	0.4	56.2	1.8	1.2	33.3
	小计	17	3.6	77.1	22.6	7.6	66.4	27.5	14.3	48	23.9	13.9	41.8
低含水井	朝 58-128	6.2	5.7	8.1	8.7	7.4	14.4	4.1	3	26	1.9	1.5	21.1
	朝 58-126	7.5	7	6.7	9.8	9.4	0.6	4.9	4.9	0.6	2.9	2.8	3.4
	小计	13.7	12.7	7.3	18.5	16.8	9.2	9	7.9	12.2	4.8	4.3	10.4
合计		52.2	23.5	54.9	60	34.1	43.2	58	27.4	52.8	40.8	23.1	43.4

试验前，井区日产液 52.2t，日产油 23.5t，含水率为 54.9%；经过近两年的试验，井区日产液 40.8t，日产油 23.1t，含水率为 43.4%；月产液由见效前的最高 957t 上升到 1456t。考虑递减因素，累计增油 1.4×10^4t。试验区见效井产油动态曲线如图 5-20 所示。

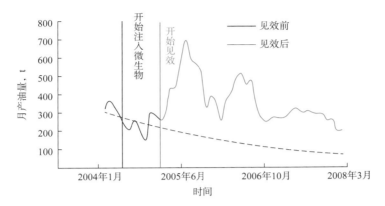

图 5-20　微生物试验区见效井产油动态曲线

注采连通关系较好的朝 61- 杨 125 井见效明显，微生物驱后日产液由试验前的 4.0t 最高上升到 18.7t，含水率由 95.0% 下降到 42.4%，日产油由 0.2t 上升到 10.8t（图 5-21）。朝 62-122 井与注入井间距较近，同时连通较好，该井在 2004 年 11 月即见到增油效果，产液量和产油量分别由见效前的 1.2t 和 1.0t 最高上升到 10t 和 9.7t，截至 2005 年 12 月仍保持在 5.9t 和 5.7t。

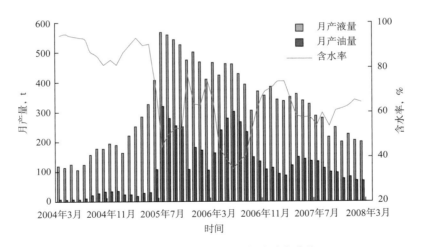

图 5-21　朝 61- 杨 125 井产液动态曲线

试验区 4 口中高含水井受效明显，日产液量由试验前的 17.0t 最高上升到 25.3t，日产油量由 6.5t 上升到 14.2t，含水率由 61.8% 下降到 43.9%。如朝 61- 杨 121 井，有效厚度为 15.4m，连通厚度为 10.6m，该井与注入井朝 61- 杨 123 井连通。

（2）2009 年扩大性微生物驱油试验区开发效果。

微生物注入 5 个月后油井开始受效，日产油 33.6t 增加到 44.8t，含水率由 65.7% 下降到 62.7%，含水率上升得到控制，累计增油 4.6×10^4t。

试验区递减减缓，含水率得到控制。自然递减率由试验前的 16.10% 下降到 2012 年的 -3.54%，年均含水上升值由 3.4 个百分点下降到 -2.4 个百分点（表 5-13）。

表 5-13　微生物扩大试验区产量情况统计

时间	年产油，10^4t			递减率，%		年均含水率 %	年均含水上升值 百分点
	未措施	措施	合计	自然	综合		
2008 年	0.99	0.10	1.09	16.1	7.63	60.1	3.4
2009 年	0.92	—	0.92	15.6	15.6	65.5	5.4
2010 年	0.99	0.02	1.01	-7.61	-9.78	65.1	-0.4
2011 年	1.00	0.13	1.13	0.99	-11.9	65.8	0.7
2012 年	1.17	—	1.17	-3.54	-3.54	63.4	-2.4
2013 年	1.08	—	1.08	7.69	7.69	63.1	-0.3

对比 2004 年先导试验以及 2009 年扩大试验效果发现：

先导试验时，从受效增油规律来看，从 2004 年 7 月至 2005 年 12 月，连续 19 个月持续增油。注入 3 个月后开始受效，注入 8 个月后达到第一个受效高峰期，由注入前的 23.5t 上升到 2004 年 12 月的 32.1t，增幅 36.6%。2006 年 1 月至 2006 年 9 月，试验区产量增产幅度变小，但仍以高于试验前的产量持续了 9 个月，之后产量低于试验前产量，但考虑老井递减，仍然有效。从 2006 年 10 月到 2008 年 12 月，持续 27 个月，该阶段平均日产油 16.8t，考虑递减试验有效期中止，即先导试验的有效期持续了 4 年零 4 个月。

扩大试验时，从微生物扩大试验受效来看，2009 年 1 月到 2009 年 9 月试验前，试验区日产油由 16.2t 下降到 14.4t，平均月递减幅度为 1.2%。微生物试验 6 个月后开始受效，即到 2010 年 3 月产量回升到 14.0t，连续 30 个月持续受效，由注入前的 14.4t 上升到 2012 年 9 月的 24.0t，增幅 66.7%。从 2012 年 10 月至 2013 年 9 月产量增幅开始变小，但是仍高于试验前的产量，日产油 20.8t。即扩大试验有效期已达到 3 年零 6 个月，仍处于受效期内，若考虑递减，则有效期会更长。

微生物扩大试验区与临近的朝 5—朝 5 北一类区块对比，效果也较明显。朝 5—朝 5 北区块综合含水率由 2009 年的 50.5% 上升到 2012 年底的 62.5%，年含水上升 4 个百分点，而扩大试验区平均年含水上升值只有 0.8 个百分点。

2004 年先导试验以及 2009 年扩大试验，累计增油 6×10^4t。效果对比分析，发现微生物驱可以多次应用在油井上且依然有效；微生物驱能有效减缓外围油田水驱产量递减，改善开发效果。

（3）朝阳沟试验区油井的受效特征。

①中心井受效明显，非中心井可通过微生物吞吐促进受效。

中心井受效明显，日产油量上升，含水率下降。微生物驱后，10 口中心井产液量从 50.9t 上升至 61.0t，日产油从 12.5t 上升至 18.7t，含水率由 75.4% 下降至 69.4%，产量变化由试验前的月递减幅度 2.5% 到注入后的稳定上升。非中心井受效缓慢，第二周期对 7 口井实施微生物吞吐，促进微生物驱油受效，产量上升明显。非中心井产量由试验前的 21.1t 增加到 26.1t，日产油增加 5.0t，含水率由 55.1% 稳定在 55.7%。

②近裂缝方向、井距近的油井先受效。

在微生物试验前水驱开发阶段，210m 井距油井、300m 井距水井排油井综合含水率高，受水井水驱作用明显，而 300m 油井排油井及 420m 角井综合含水率较低，受水驱作用较弱（表 5-14）。微生物驱后油井受效情况也表明，近裂缝方向、井距近的油井由于水驱受效明显，含水率较高，微生物驱油受效也明显。

表 5-14　不同井距油井生产数据统计

井距 m	方向	井数口	有效厚度 m	连通厚度 m	2009 年 9 月			2010 年 10 月			2013 年 11 月		
					日产液 t	日产油 t	含水率 %	日产液 t	日产油 t	含水率 %	日产液 t	日产油 t	含水率 %
210	角向井	11	9.5	7.0	36.4	11.9	67.4	40.6	13.9	65.9	50.4	16.1	68.1
300	油井排	2	7.9	7.4	7.2	6.1	15.4	7.5	5.9	21.2	8.1	6.5	19.7
	水井排	8	11.8	8.9	46.0	10.0	78.2	48.0	11.4	76.2	49.6	14.0	71.7
420	角向井	3	9.8	7.5	8.2	5.6	31.9	9.9	5.9	38.7	11.9	8.2	31.1
合计		24	9.6	7.1	97.8	33.6	65.7	105.7	37.1	64.9	120.0	44.8	62.7

③注入产出剖面均有改善，渗透率高的Ⅰ、Ⅱ类储层受效明显。

根据试验区水井各小层注水状况统计（表 5-15、表 5-16），Ⅰ类储层地质储量虽然占全区的 40%，但是注入地下的累计注水量占全区总量的 53.57%，而占全区储量 27.4% 的Ⅱ类储层累计注水量占全区的 22.78%，Ⅲ类储层储量比例为 31.6%，注入水比例仅为 23.65%，各类储层相比Ⅰ类储层动用程度最高。

表 5-15　朝 50 区块微生物扩大试验区各小层注水状况统计

油层分类	层位	钻遇水井，口	有效厚度，m			小层累计注水		水淹半径，m	
			水井钻遇	水井碾平	全区碾平	注水量，$10^4 m^3$	比例，%	平均值	最大值
Ⅰ类	FⅠ3$_2$	6	19.4	2.16	1.66	48.30	29.06	226	323
	FⅠ7$_2$	9	27	3.00	2.12	40.73	24.51	168	242
Ⅱ类	FⅠ5$_1$	5	7.8	0.87	0.93	25.14	15.13	188	236
	FⅠ7$_1$	4	4.4	0.49	0.58	9.71	5.84	150	263
	FⅡ1	3	5.4	0.60	1.17	3.00	1.80	74	89
Ⅲ类（部分）	FⅠ6$_2$	3	6.4	0.71	0.3	11.57	6.96	127	181
	FⅠ5$_2$	1	5	0.56	0.51	5.94	3.58	184	184
	FⅠ2$_2$	1	2	0.22	0.07	1.94	1.17	174	174
	FⅠ4	1	2.8	0.31	0.16	2.08	1.25	118	118
	FⅠ6$_1$	1	1.2	0.13	0.12	0.91	0.54	119	119
总计			93.2	10.4	8.9	166.17		157	323

表 5-16 各类储层吸水厚度对比

砂体类型	吸水厚度，%		提高幅度 百分点
	试验前	试验后	
Ⅰ类储层	86.0	92.4	6.4
Ⅱ类储层	46.8	58.1	11.3
Ⅲ类储层	49.4	62.3	12.9
全区	69.0	78.1	9.1

由于储层物性的差异，储层动用程度也存在差异，成片分布、渗透率高的Ⅰ类储层动用最好，其次是Ⅱ类储层，Ⅲ类储层最差。微生物试验前后的注入产出剖面资料结果表明，各类储层均受到微生物驱油的作用（表 5-17、表 5-18）。

表 5-17 各类储层产液强度对比

砂体类型	产液强度，$t/(d \cdot m)$		
	试验前	试验后	差值
Ⅰ类储层	0.43	0.51	0.08
Ⅱ类储层	0.39	0.43	0.04
Ⅲ类储层	0.13	0.15	0.02
全区	0.36	0.42	0.06

表 5-18 各类储层采出程度提高幅度对比

砂体类型	采出程度，%		
	试验前	试验后	差值
Ⅰ类储层	31.6	34.2	0.26
Ⅱ类储层	25.4	27.1	1.7
Ⅲ类储层	11.1	11.85	0.75
全区	23.38	25.32	1.94

平面上，受储层物性及沉积微相的影响，微生物驱油效果也表现出中高渗透储层先受效，中低渗透储层受效差。例如水井朝 61- 杨 123 井，以 FⅠ3$_2$、FⅡ1 层为主（表 5-19）。周围连通 5 口油井，有 210m 与 300m 两种井距。周围油井因储层渗透率差异、沉积微相不同、剩余油分布差别，而受效特征不同。

表 5-19 朝 61- 杨 123 井储层物性参数及吸水状况

井号	层位	有效厚度 m	孔隙度 %	含油饱和度 %	渗透率 10mD	小层累注 10^4m^3	水驱半径 m
朝 61- 杨 123	FⅠ3$_2$	6.4	17.8	63.5	19.0	9.43	310.8
	FⅠ5$_1$	1.0	16.6	54.6	12.3	1.02	135.8
	FⅠ7$_2$	1.0	17.8	55.2	19.0	1.51	154.3
	FⅡ1	3.4	17.8	54.8	19.0	3.08	171.9

朝 61- 杨 121 井与朝 61- 杨 125 井同为 300m 井距水井排油井，但两口井受效状况不同，储层物性好的朝 61- 杨 121 井先受效，日增油量幅度大，且持续受效。朝 61- 杨 121 井有效厚度为 15.4m，连通厚度为 10.6m，主要发育 5 个小层，主力层为 F I 3$_2$ 和 F I 7$_2$，F I 3$_2$ 层渗透率为 17.7mD。朝 61- 杨 121 井与朝 61- 杨 125 井储层物性对比见表 5-20。在 2009 年 9 月微生物注入前，日产液 4.2t，日产油 0.9t，含水率为 78.7%，采出液菌数为 4×10^4 个 /mL。由于储层物性相对较好，在试验后 4 个月就见到驱油效果，日产液 4.3t，日产油 1.1t，含水率为 73.3%，菌数为 4.0×10^6 个 /mL，见效后日产液 4.3t，日产油 2.2t，含水率为 48.0%，效果较好。

表 5-20　朝 61- 杨 121 井与朝 61- 杨 125 井储层物性对比

井号	层位	有效厚度，m	孔隙度，%	含油饱和度，%	渗透率，mD
朝 61- 杨 121	F I 3$_2$	2.8	17.3	54.6	17.7
	F I 7^1	1.2	16.6	52.9	17.7
	F I 7$_2$	5.2	15.3	50.9	12.3
	F II 1	1.4	16.6	52.9	7.7
	F II 2$_1$	4.8	16	54.5	12.3
朝 61- 杨 125	F I 3$_2$	4.4	14.7	54.6	6.2
	F I 5$_1$	2.8	14.7	43.8	6.2
	F II 1	4.8	14.7	51.1	6.2
	F II 2$_1$	2.4	15.3	46.7	7.7

朝 61- 杨 125 井有效厚度为 14.4m，连通厚度为 12.0m，主要发育 4 个小层，主力层为 F I 3$_2$ 和 F II 1，F I 3$_2$ 层渗透率仅有 6.2mD。在 2009 年 9 月微生物注入前，日产液 5.1t，日产油 1.1t，含水率为 75.4%，采出液菌数为 6×10^4 个 /mL。由于储层物性相对较差，在试验后 5 个月才见到驱油效果，日产液 4.5t，日产油 1.4t，含水率为 69.1%，菌数为 1.0×10^7 个 /mL，但该井只是阶段受效 6 个月后产量又开始递减，含水率有所上升，试验后日产液 4.1t，日产油 0.8t，含水率为 80.9%，与朝 61- 杨 121 井相比，控水增油效果要差很多。

其他 3 口油井井距均为 210m。在受效特征上，储层物性好的朝 62- 杨 124 井、朝 60- 杨 124 井分别于试验后 7 月、8 月受效，而储层物性差的朝 62- 杨 122 井在第二周期借助吞吐措施才促进了驱油受效。

四、微生物驱现场试验取得的认识

（1）微生物菌种适应油藏环境，在油层中生存繁殖，菌浓增加。

微生物注入 5 个月后，见效井采出液中微生物菌数增加 2~3 个数量级，说明微生物在储层中生存并繁殖（图 5-22）。

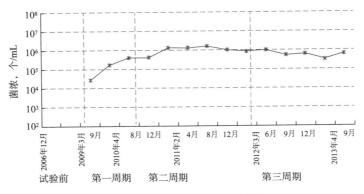

图 5-22　试验区菌浓变化曲线

（2）微生物能够改善原油流动性，发挥驱油作用。

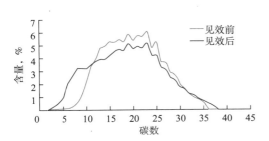

图 5-23　朝 61－杨 121 井原油见效前后全烃分析

微生物驱后，原油含蜡量和含胶量减少，平均含蜡量由试验前的 16.11% 下降至 12.3%，含胶量由试验前的 17.32% 下降至 15.63%；原油全烃分析（图 5-23）表明，微生物作用后原油中的低碳组分增加，中高碳数烷烃减少，原油黏度降低，说明微生物在地层中确实改善了地层原油的组分，提高了原油的流动性（图 5-24），可以有效提高水驱效果。

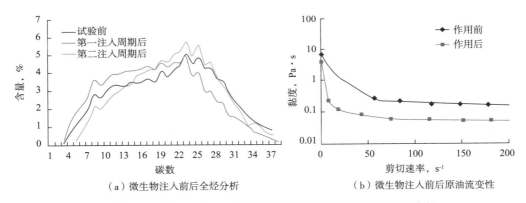

（a）微生物注入前后全烃分析　　　　（b）微生物注入前后原油流变性

图 5-24　朝 61－杨 121 井原油见效前后全烃分析及原油流变性

（3）储层渗透率在 6mD 以上即可满足微生物生存运移。

对微生物运移影响较大的因素是岩石的渗透率、孔隙度和孔径。孔径太小，渗透率太低，不利于微生物生存繁殖及向油层深处运移。优选菌体大小要求喉道半径在 2.0μm 以上，渗透率 6.47mD 岩样喉道半径在 2μm 以上的分布比例在 50% 左右。初步确定渗透率在 6mD 以上可以满足其生长运移，室内实验表明随着渗透率增加，采收率提高幅度增加。

（4）微生物注入与发生作用区域以中高含水区域为主。

受效后日增油与含水率的关系表明，含水率高于 60% 的油井受效明显。微生物试验区主要发育主力油层为 F I 3₂、F I 5₁、F I 7₂ 和 FⅡ1，钻遇率分别为 91.7%、50.0%、50.0% 和 66.7%，平均钻遇厚度分别为 2.2m、2.0m、3.2m 和 3.1m，从砂体发育规模上来看，F I 3₂ 层发育较好。通过电性参数解释，F I 3₂ 层的水淹程度较高，如朝 61- 杨 123 井平均水淹半径为 141m，而 F I 3₂ 层水淹半径达到 215m，朝 60-126 井平均水淹半径为 172m，F I 3₂ 层水淹半径达到 182m，F I 3₂ 层累计注水量占到试验区注入量的 44.5%。

从吸水剖面来看，微生物注入过程中，主要注入层也是 F I 3₂ 层。朝 61- 杨 123 井在微生物注入前 F I 3₂ 层相对吸水量为 58.71%，2004 年 10 月测试表明 F I 3₂ 层相对吸水量上升到 84.62%，2005 年 3 月 F I 3₂ 层相对吸水量为 57.8%；朝 60-126 井 F I 3₂ 层注入前吸水厚度百分数为 64.94%，注入后上升到 75.48%。按吸水剖面数据进行统计，F I 3₂ 层的微生物注入量占到全部注入量的 68.7%。

从产出剖面来看，F I 3₂ 层是主力产出层，如朝 61- 杨 127 井 F I 3₂ 层产液量 2003—2005 年分别占全井产液量的 60.7%、59.5% 和 57.1%。

从以上数据可以看出，F I 3₂ 层是试验区的主要产液层，也是微生物的主要注入层。这也进一步说明，由于微生物是以水为生活环境，受到油层吸水能力差异的影响，微生物更多地随着注入水进入吸水能力较强、水淹程度较高的主力油层，所以微生物菌液对于水淹程度较高的中高含水区域影响较大，受效明显的是中高含水井，而低含水井受效相对不明显。

（5）微生物配套调整措施促进微生物驱受效，提高微生物利用率。

在微生物扩大试验中，为了缓解层间矛盾，防止主力层单层突进，以便各层均匀受效，试验采用分层注入方式，促进微生物的有效利用；在微生物注入周期之间，进行聚合物调剖，缓解平面、层间矛盾，防止微生物沿高渗透方向突进，扩大了微生物的波及体积，提高了微生物的利用率；对于低含水井、低液量井受效慢的情况，通过微生物吞吐，促进微生物驱油见效。

（6）微生物驱对建立有效驱动体系具有一定的作用。

注入微生物前，试验区中的 10 口生产井中有两口井因没有液量而关井 3 年的枯竭井朝 60-124 井和朝 62-126 井，注入微生物 3 个月后，朝 62-126 井开井，产液量、产油量分别保持在 1.0t、0.2t 左右，试验后该井含水率下降到 50% 以下，日产油量上升到 0.6t。朝 60-124 井也于 2005 年 10 月开井正常生产（图 5-25）。

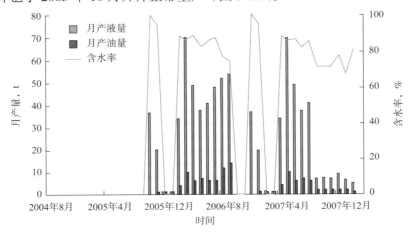

图 5-25　朝 60-124 井生产动态曲线

试验结果表明，微生物采油技术减小了水驱过程中的渗流阻力，启动了枯竭油井死油，油层的动用程度提高，微生物在油层中所到之处建立有效驱动体系。

（7）微生物驱油提高采收率，取得较好的经济效益。

通过室内实验、数值模拟及理论计算，预测采收率平均可提高 4.92 个百分点，增加可采储量 10.04×10^4t。

试验区已累计增油 4.6×10^4t，阶段采出程度增加 1.53 个百分点，投入费用共 2348.672 万元，油价按 80 美元/bbl 计算，投入产出比为 1∶4.85（表5-21）。2002年微生物吞吐累计增油 2137.7t，2004—2008年微生物驱油试验区增油 1.4×10^4t，投入研究费用 780.2 万元，以油价 1722 元/t 增加产值 2710.03 万元，经济效益为 1929.83 万元，投入产出比为 1∶3.47。

表5-21　微生物驱油扩大试验经济效益评价

项目		2010年	2011年	2012年	2013年
累计增油，10^4t		0.34	1.10	2.14	3.10
产出，万元	60美元/bbl	941.3	3034.6	5903.7	8552.2
	70美元/bbl	1098.2	3540.4	6887.7	9977.5
	80美元/bbl	1255.1	4046.2	7871.7	11402.9
	90美元/bbl	1411.9	4552.0	8855.6	12828.2
投入费用，万元		1013.11	1371.23	2348.672	2348.672
投入产出比	60美元/bbl	1∶0.93	1∶2.21	1∶2.51	1∶3.64
	70美元/bbl	1∶1.08	1∶2.58	1∶2.93	1∶4.25
	80美元/bbl	1∶1.24	1∶2.95	1∶3.35	1∶4.85
	90美元/bbl	1∶1.39	1∶3.32	1∶3.77	1∶5.46

微生物试验取得较好的降水增油效果，从受效特征上看，水驱作用明显则微生物作用也明显，综合含水率60%以上的中高含水区域受效好。微生物菌种适应油藏环境，在油层中生存繁殖，菌浓增加；优选微生物改善原油流动性，发挥驱油作用；储层渗透率在 6mD 以上即可满足微生物生存运移；微生物配套调整措施促进微生物驱受效，提高微生物利用率；微生物驱油提高采收率，取得较好的经济效益。

第三节　杏六区东部微生物与三元复合驱结合矿场试验

为验证微生物与三元复合驱结合现场应用的技术效果与经济可行性，2008年在杏六区东部Ⅰ块开展了微生物与三元复合驱结合矿场试验。矿场试验历时7年，中心井区阶段提高采收率20.57个百分点，预测最终提高采收率26.70个百分点，为油田开发提供了有效的方法和技术储备。

一、矿场试验的目的、意义

三元复合驱能够大幅度提高采收率的原理之一，是三元复合体系中的碱与原油中的有机酸反应生成石油酸皂，石油酸皂与加入的表面活性剂发生协同效应从而提高洗油效率，因此三元复合驱更适合高酸值油藏。大庆油田原油酸值低，为了更好地发挥三元复合驱的作用,开展了利用微生物提高原油酸值,再进行三元复合驱的室内实验研究。结果表明:微生物作用后原油酸值较未作用原油酸值提高 10 倍以上,且原油性质得到改善(黏度降低);微生物作用后原油与强碱三元复合体系界面张力较未作用原油降低;物理模拟驱油对比实验结果表明,提高采收率较单纯的三元复合驱高 5 个百分点。

为了验证微生物与三元复合驱结合在矿场应用的技术效果与经济可行性,在杏六区东部 I 块开展了微生物与三元复合驱结合矿场试验。

二、矿场试验区概况及方案实施

1.试验区概况

微生物与三元复合驱结合试验区选择在杏六区东部 I 块三元复合驱区块的西部中块(图 5–26),含油面积为 0.37km^2,总井数 25 口,其中注入井 9 口,采出井 16 口,为注采井距 141m 的五点法面积井网,孔隙体积为 57.32×10^{4}m^3,地质储量为 30.30×10^{4}t。开采目的层为葡 I 3$_2$—3$_3$ 油层,平均单井射开砂岩厚度 7.00m,有效厚度为 5.77m,平均有效渗透率为 466mD。中心井区面积为 0.16km^2,平均单井射开砂岩厚度 6.52m,有效厚度为 5.39m,平均有效渗透率为 491mD,地质储量为 12.24×10^{4}t。试验区的地层原油黏度为 6.9mPa·s,平均破裂压力为 13.08MPa。

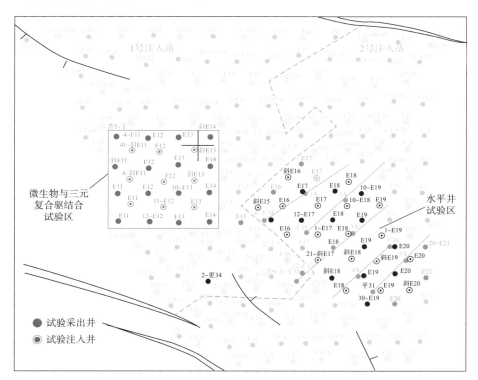

图 5–26 杏六区东部 I 块微生物与三元复合驱结合试验区井位图

2.试验区的方案实施情况

1)试验区设计方案

(1)空白水驱阶段:至少 3 个月。

（2）前置聚合物段塞：注入 0.075PV 的浓度为 1700mg/L 的聚合物溶液，要求井口黏度达 50mPa·s 以上。

（3）微生物菌液段塞：注入 0.06PV 的微生物溶液（菌液浓度 2%，营养液浓度 2%）。

（4）三元复合体系主段塞：注入 0.30PV 的三元复合体系，NaOH 浓度为 1.0%，重烷基苯磺酸盐表面活性剂浓度为 0.2%，聚合物浓度为 2000mg/L，要求井口体系黏度在 45mPa·s 左右，三元复合体系与原油界面张力达到 10^{-3}mN/m 数量级。

（5）三元复合体系副段塞：注入 0.15PV 的三元复合体系，NaOH 浓度为 1.0%，重烷基苯磺酸盐表面活性剂浓度为 0.1%，聚合物浓度为 2000mg/L，要求井口体系黏度在 45mPa·s 左右，三元复合体系与原油界面张力达到 10^{-3}mN/m 数量级。

（6）后续聚合物保护段塞：注入 0.20PV 的浓度为 1400mg/L 的聚合物溶液。

（7）后续水驱至含水率为 98.0%。

实施过程中，三元复合体系中聚合物浓度可在保证黏度的条件下进行调整。

2）方案实施情况

试验区于 2008 年 6 月 9 口注入井全部投注，进入空白水驱阶段，2009 年 9 月进入前置聚合物段塞注入阶段，2010 年 4 月至 5 月注入微生物菌液段塞，2010 年 6 月进入三元复合体系主段塞注入阶段，2012 年 4 月进入三元复合体系副段塞注入阶段，2013 年 4 月进入后续聚合物保护段塞阶段。截至 2014 年 10 月底，化学驱累计注入 1.237PV（表 5–22）。

表 5–22　杏六区东部微生物与三元复合驱结合现场试验方案执行情况

段塞	注入参数								注入速度 PV/a		注入量，PV	
	聚合物，mg/L		碱，%		表面活性剂，%		微生物菌液，%					
	方案	实际	方案	实际	方案	实际	方案	实际	方案	实际	方案	实际
前置聚合物驱	1700	2173							0.18~0.20	0.21	0.075	0.182
微生物菌液段塞							2.0	2.07	0.35	0.35	0.06	0.058
三元主段塞	2000	2170	1.0	1.11	0.20	0.25			0.20~0.22	0.24	0.30	0.445
三元副段塞	2000	1963	1.0	1.04	0.10	0.21			0.18~0.20	0.20	0.15	0.203
后续聚合物段塞	1400	1620	与杏六区东部 I 块工业化区块同步改为 1900×10^4 分子量聚合物						0.18~0.20	0.24	0.20	0.348

（1）空白水驱注入阶段。采出井于 2007 年 8 月陆续投产，至 2007 年 12 月，新钻井投产 15 口，因征地问题 1 口采出井于 2008 年 10 月 10 日投产；注入井于 2008 年 3 月投注 7 口，6 月投注 2 口，9 口注入井全部投注。2008 年 6 月试验区进入空白水驱阶段。

在空白水驱阶段注入井注入能力较强，截至 2009 年 5 月 30 日，空白水驱阶段累计注水 $14.7461×10^4$m³，累计产油 $1.2798×10^4$t，水驱阶段采出程度为 2.30%；中心井区水驱阶段累计产油 2655t，阶段采出程度为 2.17%。空白水驱末注入压力为 5.84MPa，视吸水指数为 1.099m³/（d·m·MPa）。

（2）前置聚合物段塞注入阶段。2009 年 6 月 1 日区块进入前置聚合物段塞注入阶段，注入能力下降，注入压力上升到 9.24MPa，较空白水驱末上升了 3.4MPa。前置聚合物段塞阶段累计注入 0.182PV 的聚合物溶液。前置聚合物段塞末，试验区平均日产液 649t，日产油 52.3t，综合含水率为 91.9%，沉没度为 559m。

前置聚合物段塞阶段累计产油 7506t，采出程度为 1.39%，提高采收率 0.82 个百分点；中心井区累计产油 1560t，提高采收率 1.27 个百分点。

（3）微生物菌液段塞注入阶段。试验区于 2010 年 4 月 1 日进入微生物菌液段塞注入阶段，考虑到菌液没有黏度，为了减缓注入压力下降幅度，将注入速度提高到 0.35PV/a，注入微生物菌液及营养液浓度分别为 2.07% 和 2.08%，历时两个月完成了 0.58PV 的微生物菌液段塞的注入，然后注入井关井 3 天发酵后开井。微生物菌液段塞后注入能力回升，试验区平均注入压力下降了 1.7MPa，注入压力下降到 7.52MPa。微生物菌液段塞末，2010 年 5 月试验区平均日产液 611t，日产油 54.1t，综合含水率为 91.1%，沉没度为 617m。且在 2010 年 6 月试验区含水率进一步回升，平均日产液 608t，日产油 47.8t，综合含水率为 92.1%，沉没度为 615m。中心井区综合含水率由前置聚合物段塞末的 96.6% 上升到微生物段塞末的 98.9%，2010 年 6 月综合含水率上升到 99.5%。

微生物菌液段塞阶段累计产油 3350t，采出程度为 0.54%，提高采收率 0.40 个百分点；中心井区累计产油 198t，提高采收率 0.16 个百分点。

（4）三元复合体系主段塞注入阶段。试验区于 2010 年 6 月 1 日进入三元复合体系主段塞注入阶段，与前置聚合物段塞相同，聚合物用 2500×10^4 分子量聚合物，初期下调化学驱注入速度，通过个性化单井聚合物浓度调整，使区块注入压力回升，然后通过改善油层动用状况促使采出井受效。密切跟踪单井及区块动态变化，在单井注入泵满足需求后，又根据单井的具体情况实施一系列的方案调整。三元复合体系主段塞平均注入浓度为 2170mg/L，碱浓度为 1.11%，表面活性剂浓度为 0.25%，视吸水指数为 0.623m³/（d·m·MPa）。2012 年 3 月，试验区平均日产液 639t，日产油 83.8t，综合含水率为 86.9%，平均沉没度为 338m。

三元复合体系主段塞注入阶段，累计注入三元体系 0.445PV，累计产油 5.3447×10^4t，采出程度为 8.48%，提高采收率 7.52 个百分点；中心井区累计产油 5822t，提高采收率 4.76 个百分点。

截至 2012 年 3 月底，累计注入化学剂 0.685PV（含微生物菌液），化学驱阶段累计产油 6.4303×10^4t，化学驱阶段采出程度为 10.41%，阶段提高采收率 8.74 百分点；化学驱阶段中心井区累计产油 7580t，阶段提高采收率 6.19 百分点。

（5）三元复合体系副段塞注入阶段。试验区于 2012 年 4 月 1 日进入三元复合体系副段塞注入阶段，聚合物用 2500×10^4 分子量聚合物。由于 2012 年试验区注入井管线频繁穿孔，注入时率低，至三元复合体系副段塞注入末期，注入井全部恢复注入，所以视吸水指数上升为 0.708m³/（d·m·MPa）。副段塞聚合物平均注入浓度为 1963mg/L，碱浓度为 1.04%，表面活性剂浓度为 0.21%。2013 年 3 月，试验区平均日产液 787t，日产油 47.8t，综合含水率为 93.9%，平均沉没度为 434m。副段塞阶段累计注入 0.204PV 的三元体系，累计产油 2.4398×10^4t，采出程度为 4.67%，提高采收率 4.26 个百分点；中心井区累计产油 7096t，提高采收率 5.80 个百分点。

截至 2013 年 3 月底，累计注入化学剂 0.889PV（含微生物菌液段塞），化学驱阶段累计产油 8.8701×10^4t，化学驱阶段采出程度为 15.08%，阶段提高采收率 13.00 个百分点；化学驱阶段中心井区累计产油 1.4676×10^4t，阶段提高采收率 11.99 个百分点。

（6）后续聚合物保护段塞注入阶段。试验区于 2013 年 4 月 1 日进入后续聚合物保护段塞注入阶段，聚合物改用 1900×10^4 分子量聚合物。后续聚合物保护段塞平均注入聚合物浓度为 1620mg/L，2014 年 9 月视吸水指数下降为 $0.483m^3/$（d·m·MPa）。2014 年 10 月，试验区平均日产液 567t，日产油 37.8t，综合含水率为 93.3%，平均沉没度为 479m。后续聚合物保护段塞阶段累计注入 0.348PV 的聚合物溶液，累计产油 2.4248×10^4t，后续聚合物保护段塞阶段采出程度为 5.47%，提高采收率 4.86 个百分点；中心井累计产油 9446t，采出程度为 7.72%。

截至 2014 年 10 月底，累计注入化学剂 1.237PV（含微生物菌液段塞），化学驱阶段累计产油 11.2949×10^4t，阶段采出程度为 20.56%，阶段提高采收率 17.86 个百分点；化学驱阶段中心井区累计产油 2.5176×10^4t，阶段提高采收率 20.57 个百分点。

三、矿场试验取得的成果及认识

1. 进一步明确了微生物与三元复合驱结合的驱油机理

1）所用的以烃类为碳源菌种在油藏条件下能生长繁殖

试验所应用的菌种是从大庆油田含油污水中采用定向筛选方法分离筛选得到、具有自主知识产权的蜡状芽孢杆菌 HP 和短短芽孢杆菌 HT（图 5-27）。菌种以原油为唯一碳源，在油藏条件下生长繁殖，不需要外加碳源，从而降低了成本。

（a）蜡状芽孢杆菌

（b）短短芽孢杆菌

（c）筛选的菌种以原油为碳源生长情况

图 5-27　应用菌种电镜照片及生长照片

矿场试验结果表明，在微生物菌液段塞注入后，通过对采出井单井采出液中的菌浓进行检测，井菌浓可以增长 2~3 个数量级，说明所用的菌种能够适应油藏条件并生长繁殖。随着 0.25PV 的三元复合驱主段塞的注入绝大多数采出井达到了本底浓度。

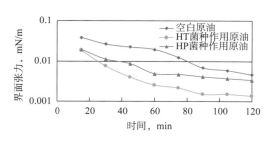

图 5-28　微生物作用后原油与三元复合体系界面张力变化曲线

2）微生物作用后原油酸值提高且界面张力进一步降低

微生物作用原油后产生的有机酸和表面活性剂与三元复合体系中的碱具有较好的协同效应，使微生物作用后的原油与三元复合体系间表现出更好的界面张力行为，不但动态界面张力大幅度下降（图 5-28），而且使平衡界面张力区域进一步拓宽（图 5-29、图 5-30）。

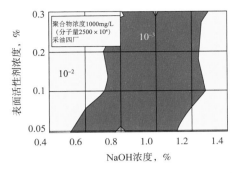 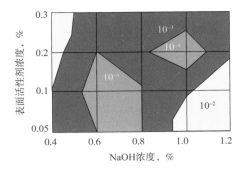

图 5-29　三元复合体系与原油界面活性图　　图 5-30　三元复合体系与微生物作用后原油界面活性图

室内实验结果表明，微生物在油相代谢产生高碳脂肪酸，提高原油酸值。利用气相色谱—质谱联用仪对原油中极性含氧物质分析表明，HP、HT 作用大庆原油后，含量由1.05% 分别升高到 60.05% 和 61.02%。HP、HT 作用原油后酸值由 0.01mg KOH/g 分别升高到 0.181mg KOH/g 和 0.243mg KOH/g，酸值增加 20 倍左右。

矿场试验结果表明，微生物段塞注入后，井口脱水原油酸值均有提高，微生物作用后原油酸值由 0.03mg KOH/g 增加到最高值 0.42mg KOH/g，提高了 13 倍。随后随着三元复合体系主段塞的注入逐渐下降，但仍保持一个较高的酸值 0.22mg KOH/g。

3）微生物段塞后试验井脱水原油饱和烃轻质组分增加

从试验井的井口脱水原油饱和烃气相色谱分析结果看，微生物段塞前后对比，轻质组分增加，说明微生物消耗了相对重质组分（图 5-31）。

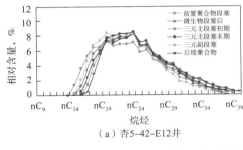
（a）杏5-42-E12井

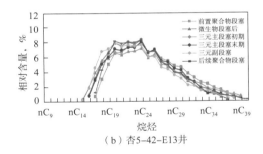
（b）杏5-42-E13井

图 5-31　试验井微生物段塞前后原油饱和烃气相色谱分析对比图

4）试验区脱水原油含蜡量、含胶质量明显降低

从各个注入阶段可追溯对比的 5 口井资料来看，微生物菌液段塞后及三元复合体系主段塞初期含胶质量明显下降，含胶质量由 18.8% 减少到 14.7%，含蜡量也由 20.0% 减少到18.6%（表 5-23）。

表 5-23　试验井在不同注入阶段原油含蜡量和含胶质量分析结果

项目	不同注入阶段				
	空白水驱	聚合物驱后	微生物后	三元复合体系主段塞初期	三元复合体系副段塞
含蜡量，%	19.4	20.0	20.3	18.6	20.5
含胶质量，%	18.2	18.8	17.2	14.7	19.7

2. 搞清了微生物与三元复合驱结合的开采动态规律

1）微生物与三元复合驱结合驱油采出液乳化现象明显

微观模拟驱油实验表明，由于微生物的迁移作用和在位繁殖效应，就地生成生物表面活性剂和助剂，产生局部乳化（图5-32），使大油滴变成小油滴，在孔隙中分布趋于均匀（图5-33）。若与三元复合驱结合，可进一步改善化学驱效果。

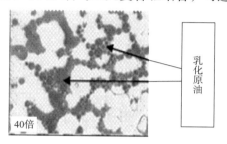

图5-32 微生物作用后孔隙中的原油被乳化

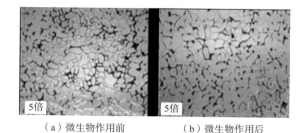

（a）微生物作用前　　　（b）微生物作用后

图5-33 原油在孔隙中的分布

矿场试验结果表明，微生物与三元复合驱结合驱油采出液乳化现象明显。中心井的乳化率达到75%。其中，杏5-42-E12井自2012年4月以来，一直保持较好的乳化状态，且以油包水型乳化为主，阶段提高采收率达23.0个百分点（图5-34、图5-35）。另外，杏6-10-E12井在三元复合驱主段塞，受效处于含水低值期，7个月保持较好的油包水型乳化状态；杏5-42-E13井乳化状态以水包油型为主。

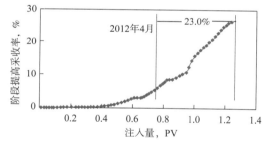

图5-34 杏5-42-E12井开采效果曲线

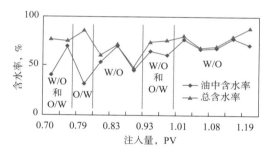

图5-35 杏5-42-E12井含水率变化曲线

2）试验区具有较高的注入能力

试验区中心井区面积为0.16km²，地质储量为12.24×10^4t，孔隙体积为23.15×10^4m³，平均单井射开有效厚度5.39m，平均渗透率为491mD。对比区为工业化区块内开采层系与试验区相同的32口中心井区，面积为1.47km²，地质储量为134.36×10^4t，孔隙体积为252.34×10^4m³，平均单井射开有效厚度为6.20m，平均渗透率为610mD。

由于微生物的迁移作用和在位繁殖效应，就地生成生物表面活性剂和助剂，在产生乳化的同时，也具有一定的解堵作用。对比区的发育状况好于试验区中心井，但试验区具有较高的注入能力。从试验区与对比区注入井视吸水指数变化对比曲线看（图5-36），试验区整个过程除前置聚合物段塞外，注入能力均高于对比区，在三元复合体系段塞及后续聚合物保护段塞末期，试验区的视吸水指数下降幅度均小于对比区。其中，在三元复合体系主段塞注入末期（2012年3月），试验区与对比区的视吸水指数下降幅度分别为43.6%和

62.7%；在三元复合体系副段塞注入末期（2013 年 3 月），试验区与对比区的视吸水指数
下降幅度分别为 32.5% 和 67.8%；在后续聚合物保护段塞中后期（2014 年 8 月），试验区
与对比区的视吸水指数下降幅度分别为 52.3% 和 70.2%。

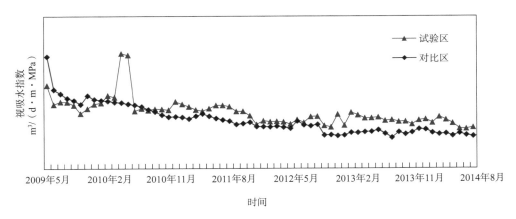

图 5-36　试验区与对比区注入井视吸水指数变化对比曲线

3）微生物与三元复合驱结合扩大波及体积作用明显提高

试验区开采目的层的动用状况，微生物段塞与前置聚合物段塞对比，由于注入压力下
降，葡 I 3 油层动用状况变差。但在三元复合体系主段塞注入初期，葡 I 3 油层的动用状况
有所改善，有效厚度动用比例由 49.7% 提高到 55.9%；至三元复合体系主段塞注入末期，
葡 I 3 油层有效厚度动用比例提高到 87.6%，油层动用状况得到很大改善。

对比区油层动用状况，葡 I 3 油层的有效厚度动用比例由前置聚合物段塞阶段的
61.4% 提高到三元复合体系主段塞末期的 69.1%。由于对比区油层发育状况好于试验区，
在前置聚合物段塞阶段，油层动用程度高于试验区，但微生物段塞后，无论在三元复合体
系主段塞初期还是末期，试验区与普通三元复合驱对比，动用比例较对比区高 7 个百分点
以上（图 5-37）。

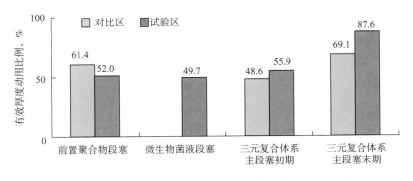

图 5-37　试验区与对比区各注入阶段油层动用状况对比图

3. 把握增产增注时机可取得较好的措施效果

为加强供液，保持注采平衡，对注入能力较低井实施了压裂。对于处于受效期的液量
及沉没度下降幅度大的井及时实施压裂增产。在三元复合体系主段塞注入中期阶段的含水
低值期，2011 年对 3 口采出井实施压裂，取得了压裂初期日增油 9.7t 的好效果，平均单

井增油 4484t，有效期 669 天。在三元复合体系副段塞注入初期阶段，含水回升期，2012 年 5 月先后对 3 口井实施压裂，取得了初期平均单井日增油 14.1t，含水率下降 10.6 个百分点的好效果，平均单井增油 1963t，有效期 375 天（表 5-24）。

表 5-24　试验区采出井压裂措施效果

井号	措施时间	措施前			措施后			差值		
		日产液 t	日产油 t	含水率 %	日产液 t	日产油 t	含水率 %	日产液 t	日产油 t	含水率 %
杏 5-42-E14	2011-04-16	23.1	3.7	84.0	122.3	14.3	88.3	99.2	10.6	4.3
杏 6-12-E11	2011-04-15	17.0	3.1	82.0	45.3	10.9	75.9	28.3	7.9	-6.1
杏 6-12-E14	2011-06-05	24.2	2.6	89.0	38.1	13.4	64.9	13.8	10.7	-24.1
小计	2011 年	64.3	9.4	85.4	205.7	38.6	81.2	141.3	29.2	-4.2
杏 5-D4-E11	2012-05-15	25.8	2.4	90.6	57.2	8.4	85.3	31.4	6.0	-5.3
杏 5-42-SE11	2012-05-15	22.1	2.3	89.5	108.7	33.3	69.4	86.6	31.0	-20.1
杏 6-10-E11	2012-05-09	17.0	3.4	80.2	52.0	8.6	83.4	35.0	5.2	3.2
合计	2012 年	64.9	8.1	87.5	217.9	50.3	76.9	153.0	42.2	-10.6

4. 验证了微生物与三元复合驱结合驱油技术效果显著

截至 2014 年 10 月底，试验区累计注入化学剂 1.237PV（含微生物菌液段塞），化学驱阶段累计产油 11.2949×10^4t，阶段采出程度为 20.55%，阶段提高采收率 17.86 个百分点；中心井区化学驱阶段累计产油 2.5176×10^4t，阶段提高采收率 20.57 个百分点（图 5-38）。

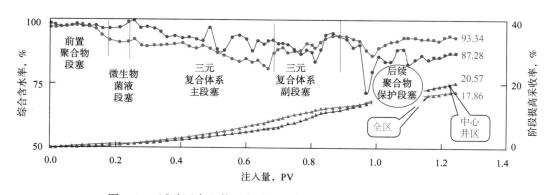

图 5-38　试验区中心井区和对比区中心井区实际与预测效果曲线

2014 年 10 月，中心井区含水率只有 87.28%，预测至含水率 98%，中心井区最终提高采收率可达到 26.70 个百分点（图 5-39），较三元复合驱对比区可提高 5 个百分点。

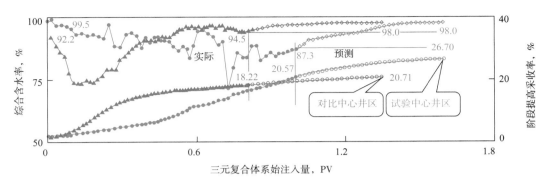

图 5-39   试验区中心井区和对比区中心井区实际与预测效果曲线

四、矿场试验取得的经济效益

利用有无对比法，按实际结算油价及商品率计算，项目所得税后财务内部收益率为 31.40%，财务净现值为 5284 万元，投资回收期为 4.43 年，各项指标均优于行业基准指标，项目在经济上可行，利润总额达 23269 万元。

试验区吨油化学剂（含微生物）成本为 445 元。试验新增微生物菌液及注入费用 714.3608 万元，多注入化学剂费用 821.2811 万元，预计阶段提高采收率 5 个百分点，增油 1.5150×10^4 t，新增收入 6161 万元，投入产出比为 1∶4，扣除吨油操作成本投入产出比为 1∶3.6。

第六章　微生物采油技术展望

国内微生物采油技术经过多年的发展，在室内实验和矿场试验方面都取得了很大的进展。但是，还存在以下不足：首先，由于微生物采油技术的综合性、复杂性和多学科性，决定了该技术机理十分复杂，理论研究还不够深入完善；第二，对油藏环境中的微生物群落结构和功能缺乏系统认识，从而导致对油藏微生物的调控还远未达到预期的效果。微生物在油藏中代谢效率低，不能大幅度提高驱油效率。第三，在现场试验方面，对一个目标油藏区块或井位缺乏长期、持续的监测，因而对油藏微生物群落结构的长期变化和演替规律缺少明显的了解。由于微生物的注入量太小，段塞用量一般仅为0.006~0.06PV，在地下难以形成更大的"生物场"，导致微生物驱油的作用发挥有限，难以产生质的变化。

近年来，随着科学技术不断的发展和突破，必然会带动微生物采油技术更加快速的发展。利用先进的微生物技术，跨界融合微生物采油技术，成为石油开采领域的"黑科技"，将为油田降本增效、进一步提高采收率提供重要的技术手段。

（1）分子生物学的应用为油藏微生物研究提供了新的方法。该项技术突破了传统纯培养的瓶颈，能够从分子水平上客观地揭示环境微生物的多样性，全面准确地认识微生物群落构成和动态演化过程。利用宏基因组高通量测序等技术，分析油藏中微生物群落的构成，快速、准确、全面，微生物分析覆盖率达到95%以上，为充分认识油藏微生物的分布特点、微生物之间的相互协作关系以及微生物与环境之间的关系提供了可靠依据。

（2）生物信息学技术应用于油藏功能菌分析。通过应用数学、计算机科学以及统计学方法，对生物信息进行系统的存储和分析，建立油藏生物基因数据库。基于公共数据库，可揭示油藏微生物群落功能多样性，监测具有降黏、产表面活性剂、产聚合物、产酸、产气等功能菌的变化。

（3）现代检测分析技术应用于微生物采油技术领域。例如，借助代谢组学服务平台，利用先进的结合分析检测技术，对微生物代谢过程中代谢物进行精细分离和定量分析，实现微生物代谢途径的精准解析，对提升微生物采油机理和微生物代谢过程调控的研究水平有巨大的推动作用。

（4）生物发酵工程及其产品应用于油田开发。发酵工程利用微生物的某些特定功能生产有用的产品，或直接把微生物应用于工业生产过程。该项技术应用于油田，可以通过优化的发酵参数规模化生产采油菌液，注入油层进行微生物驱油；利用微生物发酵的系列产品，如生物表面活性剂、生物聚合物、生物酶等辅助或直接进行微生物驱油和调剖，其中生物表面活性剂可部分替代化学表面活性剂。通过分子探针高通量菌种筛选、双阶段连续发酵等工艺，实现生物表面活性剂的低成本高效发酵，满足微生物驱断块油藏、低渗透油藏、稠油油藏的开发需求；根据微生物生长代谢的特点，通过外源微生物注入或内源微生物原位激活的方法，使具有采油功能的菌群在油层内大量繁殖代谢，形成"地下发酵反应场"，利用菌种和代谢产物联合作用提高原油采收率。

综上所述，微生物采油技术在石油工业的各个领域都能发挥其优势，从经济角度考虑，微生物采油技术能提高原油采收率为石油企业带来可观的经济收入，从环境角度考虑，微生物采油技术不管是从本身的繁殖与代谢来讲，还是利用微生物采油的角度讲，都能达到绿色环保的效果。因此，微生物采油技术在石油开采领域的应用前景将无限广阔。

参 考 文 献

［1］Hill G T, Mitkowski N A, Aldrich-Wolfe L, et al. Methods for assessing the composition and diversity of soil microbial communities［J］. Applied Soil Ecology, 2000, 15（1）: 25-36.

［2］齐尔和. 微生物驱提高采收率技术研究［D］. 西安: 西安石油大学, 2014.

［3］周蕾. 石油烃厌氧生物降解代谢产物研究进展［J］. 应用与环境生物学报, 2011, 17（4）: 607-613.

［4］王倩. 生物表面活性剂产生菌的分离、关键酶基因克隆与基因工程菌的构建［D］. 南京: 南京农业大学, 2010.

［5］Keita Komatsu, Kyuro Sasaki.Microbial-induced oil viscosity reduction by selective degradation of long-chain alkanes［C］. SPE 171850-MS, 2014.

［6］Lavania M, Cheema S, Lal B.Potential of viscosity reducing thermophillic anaerobic bacterial consortium TERIB#90 in upgrading heavy oil［J］.Fuel, 2015, 144: 349-357.

［7］陈学君. 稠油微生物降粘机理及研究进展［J］. 科技信息, 2009（12）: 315-316.

［8］Hanaa Al-Sulaimani, Yahya Al-Wahaibi.Laboratory investigation of the effect of microbial metabolite on crude oil-water interfacial tension under reservoir conditions［C］. SPE 129228-PA, 2013.

［9］Gillings M, Holley M. Repetitive element PCR fingerprinting（rep-PCR）using enterobacterial repetitive intergenic consensus（ERIC）primers is not necessarily directed at ERIC elements［J］. Letters in Applied Microbiology, 1997, 25（1）: 17-21.

［10］Bruggemann J, Stephen J, Chang Y J, et al. Competitive PCR-DGGE analysis of bacterial mixtures an internal standard and an appraisal of template enumeration accuracy［J］. Journal of Microbiological Methods, 2000, 40（2）: 111-123.

［11］任红燕, 宋志勇. 胜利油藏不同时间细菌群落结构的比较［J］. 微生物学通报, 2011, 38（4）: 561-568.

［12］李红. 微生物采油——第四类提高采收率方法［J］. 试采技术, 1992, 13（4）: 59-66.

［13］王修垣. 俄罗斯利用微生物提高石油采收率的新进展［J］. 微生物学通报, 1995, 22（6）: 383-384.

［14］陈平, 李辉, 牟伯中. 油藏水样细菌群落 16S rRNA 基因的 RFLP 分析［J］. 微生物学杂志, 2005, 25（6）: 1-5.

［15］黄立信. 典型油藏微生物群落结构解析及驱油机理研究［D］. 北京: 中国科学院大学, 2014.

［16］高配科. 油藏内源微生物高效激活剂筛选与评价［D］. 天津: 南开大学, 2011.